Lohas 綠領生活

張晴 編

前言

面對環境污染、生存壓力、日益擁擠逼迫的都市空間，二十一世紀的人該選擇一種什麼樣的活法呢？這成為了越來越多的人所思索的問題。

很多人試圖開始追尋與實踐一種新的「活法」：既能夠保證自身的健康和快樂，又可以持續性地生存與發展。在這種思潮下，近幾年來，在中國的白領、藍領、粉領等各色「領子」中，有一種綠色風潮悄然流行。這場綠色風暴始於美國，取道歐亞，二十年間已經席捲了一億人口，在全球各地大行其道！被風暴「綠化」的人們，便被稱為「綠領」。

「綠領」亦叫做LOHAS（Life Styles of Health And Sustainability），這個族群以環境的可持續發展和自我身心健康為優先考慮，並持續以這種精神生活。同時，還需要有開闊的視野和社會責任感與良知。

「減法生活」是綠領們最為崇尚的，他們在吃穿住行各個方面都踐行著簡約、健康的法則：崇尚無公害的有機食品；偏愛天然材質的衣服；同時理性地打造綠色居所……這一切都反映了「綠領」一族們對生活本質的回歸——忠實於內心的召喚，更合理更健康地消費與生活。

應該說，「綠領」的出現是人們經過了二十世紀過度消耗能源，過度消費社會資源的空虛之後，所引發的集體反思。「綠領」的生活方式讓許多人看到了真正優良品質生活的真諦。綠色食品、綠色家居、綠色美容……綠色昭示著潔淨、安全和舒適，成為我們這個時代的渴望色。事實上，「綠領」所代表的生活方式已經逐漸從物質轉移到精神，它提醒我們在繁華城市中不停奔忙的同時，也要關注自己的生存狀態。在日益凸顯的食品安全、著裝安全、家居隱患、空氣污染、不良情緒等，關乎到我們生活品質和身體健康的問題面前，我們又何嘗不能把「綠領」視為一種生活態度？

本書擷選綠領族生活精髓，在衣、食、住、行、美容、心態等諸多方面，提供最天然、最安全、最環保的生活指導和心靈SPA，期待最大限度地關愛和保障現代都市人的身心健康，提高生活品質，幫助大家享受最完滿、最舒適、最豐盈的「綠色」生活。

第五章 旅行——走在路上的綠色風景

CATALOGUE

第六章 保養——感受綠色的美容能量

第七章 健康——生活越綠，身體越好

CATALOGUE

第九章 樂活──全球最「綠」的生活方式

第十章 心境──綠領標本是快樂的藍本

1

綠領

——個性化的品味人生

第1節 綠領，到底是什麼樣的「活法」？

「綠領」，英文叫做LOHAS（Life Styles of Health And Sustainability），是一個以環境的可持續發展和自我身心健康為優先考慮，並持續以這種精神生活的族群。

他們熱愛生活，理念是健康的生活即是時尚，他們在善待自己的同時也善待環境；他們熱愛慈善，悲天憫人，有社會責任感，支持公益事業，幫助貧困家庭。

他們親近自然，希望透過藍天、白雲和金色陽光抵達綠色的生活。他們經常義務宣傳環保理念，有一個固定的運動圈，大家以運動會友，感受運動的快感，以此達到徹底的身心放鬆。

他們活得閒適從容，不盲目追求物質上的過度享受，而是渴望心靈的豐盈和充實。他們懷著一顆敏感和聰穎的心感知生活，追求健康、自由、隨意而又休閒的生活方式。

工作是生活的重要組成部分，綠領主張「綠工作」，不做工作狂，盡量杜絕加班。電腦前擺放著仙人掌，努力把輻射降到最低。

雖然健康和環保是綠領的最大主張，但是你千萬不要誤解「綠領」就是「環保修練苦行僧」的代名詞。在某個層面上，綠領的身分辨識是寬泛的，不是以身上穿的品牌服飾、物質生活水準或社會地位和職業來辨認；但另一層面上，它的身分辨識又是嚴格的，需要對環境友善，生活方式健康。簡單來說，有關綠領的種種標識，更多地指向我們的內心。

內心的境界表現在綠領的生活狀態上，從這種狀態可以看出，綠領也是一種生活準則。綠領族透過綠化自己來融入世界，綠化身體獲得健康，綠化心靈獲得安適，綠化行為改變世界。在都市的熙攘繁亂生活中，我們已經習慣了競爭和搶佔：搶佔空間、搶佔時間、搶佔資源，但「綠領」思維是從分享的角度出發，因為願意分享，所以樂觀和包容。因為懂得善待自己，珍視資源，綠領們反而贏得了更多的自由、空間、時間來享受生活。

毋庸贅言，綠領是睿智的樂活一族，從某種意義上說，綠領不再是一個社會身分，更是一種品質身分。綠領的「綠色主義」，打造的是更加有品質、有情趣的生活，和更加個性化的品味人生。

綠領五大必備標準

● 對於職業，綠領們摒棄或者不再追求傳統的終身雇傭身分，區別於朝九晚五傳統工作方式的自由職業、有期限工作、遠端工作等，是綠領喜歡的主要工作形式。有網路通訊的陽光房、田園風光的農莊、遠離都市喧囂的山中別墅，是綠領最傾心的工作天堂。

● 綠領對生活的關注點傾注在精神層面，不再過度追求物質上的奢侈享受，轉而渴望內心的充實豐盈，對生活具有敏感度，能夠感知自由而又美好的生活。

● 認為能夠擁有健康的身體、健康的心態比擁有任何東西都重要，凡是利於健康、回歸自然的事情都積極回應、樂於嘗試；綠領也是熱愛美食的新素食主義者，飲食盡量清淡，同時又注重營養均衡。

● 著裝風格以舒適、隨意、平實、優雅的休閒氣質為首要指標，偏愛舒適的天然材質衣物，擁有低調卻不失時尚的品味；不輕易受流行趨勢影響，不迷信高科技成果。護膚品與保養品，都力求選擇純天然的環保產品。

● 不允許工作成為自己的束縛，絕對不當工作狂。能夠從容分配自己的時間，拒絕與壓力為伴，把工作和休閒截然分開，下班關手機，盡量不加班。享受獨處的時間和空間，盡量避免無謂應酬，沒有酗酒熬夜紀錄，睡眠充足、精力充沛。

第2節 綠領主張：和諧生活的「硬時尚」

綠色，是地球上彌足珍貴的顏色。說到綠色，通常會讓人想起「自然」、「天然」、「本真」等字眼，綠色是一種象徵、一種符號，在當今社會，綠色生活儼然又成了一種態度，一種時尚。在經濟高速發展的今天，農耕文化被工業文化解構過程中的文化症候，正好擊中了城市文明的精神掙扎，所以綠色便成為每個都市人都嚮往的生活意境。

其實，每一個人都崇尚綠色，都希望能生活在藍天白雲下，身心潔淨，不染塵埃，而在一個高速發展的社會中，環境成本被嚴重透支，個人也被捲入飛速運轉的社會機器中，要想執著於綠色生活，就要付出心力了。所以，像綠領關注的這種綠色生活，在目前還只是少數人的時尚。

通常，少數人去做大多數人想做而因為種種原因做不到的事情時，這件事本身就具備了時尚的基本元素了。「綠領」的出現昭示著時尚概念的轉變，以往時尚主要著眼於人在衣、食、住、行的物質享受方面，但現在有了新的特質，是一種新的思想觀念和能夠代表一定社會走向的價值觀。所以，這種特質被稱之為「硬時尚」，「綠領」一族成為了我們時代的時尚英雄。

人人都說綠領擁有文人素養、上流身家、認真態度、閒適悠哉，但無論生活方式還是工作狀態，都極力朝綠色時尚靠近。這種具有完美主義傾向的描述，聽起來更像是一種理想化的奢求，然而這確實就是「綠領」鮮明的標誌。

追溯綠領形成的濫觴，身為綠意盎然的新一代，他們是在各種新思潮薰陶下成長起來的知識青年。

這個群體基本上都是在上世紀九〇年代以後開始接受大學教育，畢業後，這些年輕人主要集中在繁華的大都市工作，供職的機構本身要嘛具有國際背景，要嘛和國際上的合作比較多，這延展了他們視野的開闊性。在種種前提和因素之下，綠領族逐漸成長起來。他們為社會添加了一種全新的文化色調，對社會上的各種身分、觀念、規則的變遷最終也將會產生影響。

綠領最基本的生活主張就是在善待自己的同時善待自己的生存環境。這兩種善待，在環境污染、食品安全頻頻告危的社會背景之下，非常契合社會公義。

綠領不僅僅是一種生活態度，同時還是一種群體精神。「綠領」們通常不會寂寞地獨自生活，他們會發起或參與各種名目的團體，從中不但可以找到彼此相類、相吸的朋友，更可以把具有共同心願的人彙聚起來，做一些對別人和社會有益的事情。

同時，華人綠領人群也與西方綠領人群有相異之處，主要緣自他們所處的社會背景的差異。比如在西方，各式各樣自發社會團體的網路非常發達且成熟，而華人綠領的自發社團還剛剛起步，這就使社團的資源受到很大限制，進而對社會和公眾的影響也會相對有限。

我們身處在這個過度開發和消耗環境的時代，當綠色生活回歸其本來的意義，任何人都能隨心享用的時候，它的時尚功用也就終結了。大多數人都在期待著這一天的到來。

「綠領」VS「BOBO」

綠領不同於傳統意義上的中產階級，在某種程度上，更類似於另一個族群——BOBO族。最初描繪「BOBO」的人是《紐約時報》資深記者大衛．布魯克斯。在《BOBO族——新社會精英的崛起》一書中，大衛．布魯克斯用他的歸納能力，結合Bohemian（波希米亞）與Bourgeoisie（布爾喬亞）而創造出一個新詞「BOBO族」，意為一個新面目的中產階級。

分析BOBO族產生的背景，我們需要回溯歷史。

十八世紀初期，在富蘭克林的帶動下，美國開始流行布爾喬亞品味，這是一種因工業革命而興起的中產階級生活派別，他們追求財富和生產力，崇尚優雅精緻的生活。

後來，隨著文學家、藝術家獨立性的增強，一些人開始不再推崇和依附貴族生活，對布爾喬亞的物質至上主義也開始反擊，對中產階級那種缺乏靈性和創意的生活大加批判，他們提倡一種自主、獨立、追求自由和充滿想像力的生活，即波西米亞風尚。

一直到十八世紀後期，這兩種風潮各不相讓，在不同時期交替成為社會主流，直到現代商業社會的發達才使這種爭執出現轉機。

而BOBO族群正是在消費文化影響下，對物質生活的尊崇和對奢侈浮華的唾棄這兩種截然不同的價值觀的相互妥協中產生的，受這種平衡的美學品味和消費觀影響下，他們成了大衛筆下的BOBO族中的一分子。

儘管華人「綠領」的產生並不具備BOBO族背後那悠長的歷史背景，但表現形式上他們也具有與「BOBO族」相似的特質。同時，這些特質所轉化成的生活方式也正在成為當前社會的新時尚。

第3節 綠色經濟：幸福生活不是奢侈生活

對於「綠領」，人們目前仍是仁者見仁、智者見智，但對「綠領經濟」大多數人卻知之甚少，甚至一向走在前沿的商學院都沒有對此做過專門研究。但是，綠領經濟卻隨風潛入夜，悄悄地注入了現代都市人的生活。

綠領經濟就是一種依託於創新生活方式的商業模式，綠領消費涉及領域廣泛，整合了多方資源，開闢出一條獨特的消費價值鏈。

在都市中，「綠領」的年齡普遍年輕化，他們依靠自己的教育背景和職業經歷在三十歲甚至二十多歲時擁有的財富和生活品質，就已經達到了大多數上一代人四、五十歲時的水準。雖然經濟上並不乏力，其消費卻不會追求奢侈，而是更傾向於合理和節制。在消費時，他們更具理性，信賴和青睞品牌，但絕不會變成品牌的奴隸；在購物時，他們會先考慮一下這件東西是否是自己真正所需的。綠領提倡的不僅是一種生活方式或消費理念，更重要的是為社會創造一個積極向上的價值觀。

綠領的理性既表現在消費尺度的理性，也表現在對生活方式的理性選擇。他們是「生活的價值凌駕於金錢之上」的身體力行者。綠領追求著一種和諧旋律：工作與生活的和諧、個人與群體的和諧、人與自然的和諧。

二十九歲的方先生是某外商在台軟體發展中心的高級工程師。他是典型的綠領一族，對於旅行和讀書，方先生毫不吝惜金錢，但在日常生活中，他拒絕一些並非必要的消費。比如他堅持不買車，也不坐計程車，他說：「我上下班乘坐公共交通工具特別方便，幾乎每次都能坐到座位，車上也有空調。既然舒適程度相同，我何必花更多的錢坐計程車呢？」方先生的這種消費觀念也體現在他對購屋置業的態度上。他花錢給父母買了一間房子，但自己仍然租屋，原因不在於錢，而是因為現代都市的房價不符合他的消費原則。

綠領最突出的特質，還是他們對環保等公益事業的關注，他們幾乎都有某種社會志願者的經歷或樂於參與一些慈善捐助活動。對人與自然、人與人之間的交流和交往，他們希望能夠擁有一份相對純粹的簡單。

有人說，當一個人終於發現錢再多也不能左右心態，健康和快樂重於一切時，他就離綠領不遠了。在這個人們日益追求快樂、健康生活的時代，綠領經濟熱得有理。

綠色消費成為人們追求的新時尚

一九九二年，在里約熱內盧召開了第一屆世界首腦會議，這次會議通過了《二十一世紀議程》，這是實現二十一世紀可持續發展的一個藍圖。《二十一世紀議程》提出了可持續消費的概念。兩年以後，聯合國環境署發表了《可持續消費的政策因素》報告，對可持續消費做了如下界定：「提供服務以及相關的產品以滿足人類的基本需求，提高生活品質，同時使自然資源和有毒材料的使用量最少，使服務或產品的生命週期中所產生的廢物和污染物最小，進而不危及後代的需要。」可見，綠領的綠色消費已經包含在可持續消費的範疇之內了。

近二、三十年來，綠色消費迅速成為越來越多的人追求的新時尚。「綠色革命」的浪潮一浪高過一浪，綠色產品大量湧現，在很多國家已很風行，節約、環保、杜絕奢侈的觀念深入人心。總之，綠色消費已逐漸滲透到人們日常消費的各個領域，在人們的生活中佔據著越來越重要的地位。

第4節 綠領終極目標：隨心發現，隨時綠色

綠領生活的終極目標，就是讓生活和環境都有更高的可持續性，但這並不等於要犧牲自己的便利和享受，去過一種不現實的原始生活。綠領的生活方式是簡單隨心的自然而然，而非刻意地「為綠而綠」。

小A今年二十七歲，瘦高，氣質儒雅，每天早晨九點，他準時出現在科技園區的公司電梯間，是個典型的綠領，整潔得每每讓全大廈的女性眼前一亮。

淺色襯衣，米色休閒褲，半個月修剪一次的頭髮，超級整潔的他讓公司的女生直嚷「受不了」，可是心裡卻是喜歡的。有帥哥做伴，工作不累；更重要的是，帥哥還很紳士，上下車一定會幫女士開車門，遇到公事包稍微重一點，一定會隨時隨地幫女士提包。小A這個習慣，是對所有女士的禮遇，不分老幼。

可能受到歐洲留學經歷的影響，小A的環保意識滲透在生活的點點滴滴中。小A新的一天是從清晨七時開始的，起床、洗漱、吃早餐，七時四十分出門，出門前先檢查水龍頭、電器是否關好、電源是否斷掉。把垃圾分類裝好，隨手拎出門，根據類別放進不同的垃圾箱，用完的電池則要單獨裝進袋子，帶到公司投進大廳的電池回收箱，從不隨便丟棄。

小A的家離公司很近，步行約十五到二十分鐘的路程，所以他每天走路上班，一來盡量減少

汽車廢氣排放，避免空氣污染，二來還可鍛鍊身體。

和一般白領不同，每天走在路上，小A手中總拎著個紙袋，裡面裝的是自帶的便當，到了公司放進冰箱，午飯時放到微波爐裡熱一下即可。公司的茶水間裡，咖啡爐、熱水爐、微波爐應有盡有。

小A自己總結說，他的環保意識經歷了三個階段的成長。從小學到大學，他接受了關於環保的啟蒙教育，懂得「環保從點滴做起」，也參加了一些大大小小的活動。到歐洲後，他發現那裡幾乎每個人都是我們所說的「環保衛士」，這點對他影響極大。他說，在歐洲，電池回收、垃圾分類、節省資源是生活中隨處可見的習慣，並不是政府或某個組織強加給民眾的規定。身為一個受過高等教育的人，自己也會有一定的判斷力，如果是好的做法，自然也就能接受。從歐洲回來，小A覺得，自己的環境意識和綠色意識，比以前寬廣多了：紙張雙面列印，隨手關燈關電腦，發現水龍頭滴水隨即擰緊，用可回收垃圾袋，少用或不用塑膠袋……等，一個「綠領」的綠色生活就是由這些平常的細節構成的。

表現出環保的姿態並不是綠領的目的，綠領的終極目標，就是隨心發現，隨時綠色，從個人的日常生活出發，願意多付出一點，為自己的健康和身處的環境帶來更多的益處。

不可不知的綠領常識

你知道大自然需要經過多少年才能把以下物品完全分解嗎？

1．菸蒂：1～5年
2．棉織品：1～5年
3．膠皮：2年
4．塑膠瓶：10～20年
5．尼龍布：30～40年
6．易開罐：50年
7．鋁罐：500年
8．玻璃瓶：1000年

第5節 綠化自己獲得健康，綠色行為改變世界

因為對綠色生活的共同嚮往，對理想家園的美好憧憬，以及強烈的使命感，在生活中，綠領們將環保的理念貫徹到每一個細節，真正做到「不因善小而不為」。在衣、食、住、行各個方面，都實踐著他們對綠色的「信仰」和追隨。綠領正用快樂、健康、關愛的理念，給都市生活帶來清新的空氣和明麗的陽光，並逐漸發散擴展開來。

綠領的綠色生活，有遠赴可哥西里保護藏羚羊這樣的大事，也有拒用衛生紙杯的小事。關鍵是他們將小事大事都做得自然而然，做為一個習慣遵循者，做為一個原則堅守者。這是他們的人生態度，態度決定一切。

綠領選擇「綠色」生活的原因很簡單，因為我們只有一個地球，污染環境、浪費資源都是人類對自身的傷害，環保是每個人的責任。他們從來不認為自己是另類人群，他們覺得自己只是環保主義的先覺者和堅決的踐行者，最大的願望是希望所有的人都能變成「綠領」。通常意義上的「藍領」、「白領」都是職業的劃分，在他們的眼中，無論屬於哪種「職業族群」，首先都應該先當一個「綠領」。

保護環境需要我們變被動為主動，是想出更多的方法來減少環境污染，而不僅僅只是亡羊補牢。一個群體對自身的完善必然會給社會帶來一定的影響，綠領懷揣一顆社會公益心，宣導「善

待自己、善待環境」的行為主張，正在引領著我們生活方式的慢慢改變。

環保是一種意識，更是個人對生活品質的追求——對環境生態關心的同時自然也包涵著對自身的關心。然而，如果只關心自己購買的食物是否品質優良、什麼能吃什麼不能吃之類的小事，就永遠無法從根本上或者長久地保證自己的生活品質。身為地球人，我們註定要在這個星球上度過餘生，我們現在的所作所為將直接影響自己未來的生活品質。

綠化自己可以獲得健康，綠色行為可以改變世界。公益心使得綠領生活帶有更多綠色的禪意。綠領正在喚醒我們，催促我們，引領我們走向一種全新的生活。

綠色環保的購物技巧

在這個高速消耗能源的時代，光靠「勤」與「儉」已不能應對能源危機的挑戰。所以，除了從生活的點滴入手之外，還需要一些智慧和創意來節約能源。一個人的舉手之勞，對環境保護卻能產生巨大的推動作用。

購物是我們日常生活的重要內容，這裡有幾條建議，能讓你的購物更加綠色環保：

● 買的就是「節能」。

做為透過節能活動還天空和海洋以本色的綠領，當然要用節能產品以節約能源。

● 提「菜籃子」。

提著菜籃子買菜，最大的好處就是杜絕了買東西總離不開塑膠袋的壞習慣。

● 盡量少買飲料和罐裝食品。

為了便利，現今人們消費的啤酒、汽水、瓶裝水和其他罐裝食品越來越多。為了包裝這些食品，每年需要製造和扔掉至少兩兆個瓶子、罐頭盒、紙箱和塑膠杯，不僅消耗了大量的能源和資源，還造成環境污染。所以，綠領宣導盡量喝白開水，少買罐裝食品和飲料，不僅是節能的好舉措，也有益健康。

● 超市購物要節制。

每次去超級市場，你會不會一衝動就買回一大堆東西呢？綠領總是從環保節能的角度來考慮，有計畫地購物，不但節省了家庭開支，還避免了家中堆積太多用不著的閒置物品或吃不完扔掉浪費的食物。

● 拒絕華麗包裝。

一束漂亮的玫瑰花和幾個小點綴，需要的包裝紙可能就達七、八張之多，雖然有些商品的包裝精緻得令人愛不釋手，可是包裝也是垃圾的重要來源之一。過度包裝還會造成白色污染。如果購買過度包裝的商品，不僅浪費了自己的錢，更是一種浪費資源和能源的不良行為。

連結：測一測，你到底有多「綠」？

1. 你是否拒絕使用免洗碗盤？
（是1分，否0分）
2. 在沒有垃圾桶的地方，你是否隨手亂扔垃圾？

（是0分，否1分）

3．你是否會在週末時間安排戶外活動？

（是1分，否0分）

4．你是否出門一定要坐計程車？

（是0分，否1分）

5．你是否頻繁更換新款手機？

（是0分，否1分）

6．你是否關注過報紙有關環保方面的話題？

（是1分，否0分）

7．你購物是否用自己準備的袋子？

（是1分，否0分）

8．你對公司提出的節約能源的制度是否支持理解？

（是1分，否0分）

9．你是否習慣購買奢侈品？

（是0分，否1分）

10．你是否瞭解舊電池對土地的傷害有多大？

（是1分，否0分）

11．你是否盡量減少外出就餐機會？

12．你是否關心食品的保存期限？
（是1分，否0分）

答案分析：

標準的「綠領」（10～12分）。

你具備良好的綠色環保的生活習慣，因此，對那些看起來和習慣上格格不入的新銳觀念，你一點也不排斥，而且你會積極地向朋友宣導這種生活方式，你的行為經常會引起朋友的關注，並把你當成學習的榜樣，這正是你成為最新的時尚分子的原因所在。

準「綠領」（6～9分）。

對於大眾化的一些該做或不該做的事情，你有一定的把握，某些事情只是你無意識的行為，只要你留意一下自己的生活方式，你不難向「綠領」成員靠近。

非「綠領」（0～5分）。

你必須儘快改變生活習慣，不僅因為有些事情已傷及你的身體健康，而且你的許多生活習慣亦對大自然造成傷害，你可以不去追趕「綠領」時尚，但是，至少你必須停止傷害大自然。

2

穿衣
——生活態度的完美詮釋

第1節 穿越品牌神話，洞悉人與衣的關係

平時人們總說「衣、食、住、行」，把「衣」放在首位。衣服是一種語言，一個隱喻，訴說著一個人的審美、個性、喜好、情趣等等。如何穿衣是昭顯一個人品味的方式，也是一種生活態度。

一件好的衣服，要做到周到細緻，真正服務於人，而非僅僅是穿給別人看。綠領在著裝方面，首先摒棄招搖，他們並不追逐品牌，早已超越品牌神話，洞悉了人與衣的關係。他們對衣服的要求，除了材質本身要環保，在風格上也越來越以舒適做為第一要義。

過去，傳統的商品價值標準，如高檔、奢華、華美等等，早已被綠領輕鬆拋棄，轉而崇尚簡約、優雅、端莊的自然特質。他們擁有的衣服，價格不一定是最貴的，但絕對健康；看起來簡單樸素，其中卻隱藏著綠領獨有的和諧與妥貼的氣質。

在著裝上，綠領有一種含蓄堅持，那就是保持個性。伴隨著生活觀念和工作方式的改變，他們穿衣不再緊緊跟隨流行，不再追逐時尚，也不會再一味鍾愛西裝、禮服、套裝和高跟鞋了。那種隨意隨和的、似乎隨時準備出遊的平實風格，將成為他們的著裝主流。他們更希望經由服裝營造擺脫桎梏、煥然一新、舒適自然的氣氛。

具體來說，在選擇衣服時，綠領族崇尚天然材質，一般選擇天然成分較高的棉、麻、絲等材質的服飾，顏色以清淺為主，盡量遠離經過化工處理或塗滿化學染料的衣服。同時，他們雖然不

會特別崇尚奢侈品消費，但也不是絕對拒絕名牌，由於名牌在品質上的高標準、嚴要求，使用的時間較長，同樣是避免能源消耗的方式之一。

在現代的服飾文化中，衣服除去最基本的功用之外，人們無疑還為其賦予了其他意義。正因為衣服蘊含的複雜涵義，人們在穿衣之道上常常偏離軌道。有一個道理我們是深諳的，我們其實並不需要那麼多的衣服，但衣櫃卻總是被塞得要溢出來。那些真的是必要的東西嗎？大多數人都有很多「也許什麼時候用得上的衣服」，但那個「什麼時候」大概永遠都不會出現，而需要的時候卻找不到合適的衣服的事情卻時常發生。

每到季節更替時，都會有新的流行元素出品，雜誌電視不厭其煩地做著引導，時尚達人們難免會蠢蠢欲動，讓自己變成潮流播報員。日久天長，衣櫃肯定會超負荷膨脹。

眾環保學家們早已對如此行徑大為不滿，他們認為「不單衣服上的每根纖維是地球上的重要資源，無意義的生產與舊衣服的二次回收，所帶來的資源浪費都是不必要的巨大支出」。

與很多女生一樣，安婷曾經非常熱衷於逛街買新衣，有時也在網上買。尤其是網購，因價格低反而更加少了節制，流行什麼買什麼。但是她漸漸發現，這些一時衝動買來的衣服絕大多數都束之高閣，穿的機會很少。屢屢被男友批評「這樣太浪費」之後，安婷不禁也反省起自己買衣服的強烈慾望來。

經過深刻反思，安婷決定為衣櫥瘦身，杜絕這種「美麗浪費」。她將自己幾乎沒穿過或不常上身的衣服整理出來，竟有滿滿幾大箱。而後在男友的幫助下，在網路上開了間二手衣網路商店，生意竟然還不錯。賣衣服的錢，大多被安婷用來與男友一起看電影、旅遊，兩個人的日子立刻有了情趣。

一件衣服在生產、加工和運輸過程中，不僅要消耗大量的能源，同時還會產生廢氣，廢水等環境污染物。如果每人每年少買一件不必要的衣服可節能約2.5公斤標準煤，也相對減排二氧化碳6.4公斤。依此計算，如果每年有二千五百萬人做到少買一件衣服，竟然能夠節能約6.25萬噸標準煤，減排二氧化碳16萬噸。

一個人的行動是微小的，但群體組合起來的數字是龐大的。所以，在置裝行動中，少買不需要的衣服，為衣櫃減輕負擔，是綠領族的環保行動之一。

可見，在綠領的生活中，環保的概念已經不再僅僅侷限於污染、噪音、能源等聽起來枯燥的字眼，而是以更豐富多彩、細枝末節的形式融入了生活。主張節能，過簡約生活其實很不錯，綠領們就是這樣在簡單而又實用的生活點滴中，尋找一種叫做環保的樂趣。

留心奢侈的偽環保

在綠領族日益壯大的同時，同時也出現了一種奢侈環保風潮，著實令人驚恐。

所謂的奢侈環保風潮，就是許多人為了標榜自己有一顆綠色的心，不惜重金購買限量版的環保奢侈品。很多商家也抓住了這一點，只要打著環保的大旗，價格無限飆高，宰你沒商量！

英國某知名設計師曾經推出一款「限量版十五英鎊售價十明星效應」的帆布包，全球消費者都為之瘋狂，以致於該款帆布包在香港和臺灣發售時出現搶購踩踏現象。這到底是澎湃的環保觀念在起作用，還是洶湧的虛榮心在捉狹呢？稍微有些理智的看客都心知肚明吧！更諷刺的是，路邊上的小店也出現比比皆是的仿造品，如此浪費是不是也違背了初衷？

要做到真正的環保，你還要拒絕虛榮、抵制誘惑。很多奢侈品雖然價格不菲，但因為貼著環保的標籤，還是有很多人聲稱「物有所值」。要知道，這些號稱奢侈品的環保款要比非環保款更昂貴！

有媒體就忍不住質問品牌了：「既然環保大熱，為什麼不選擇便宜的普通質料呢？」一位對時尚大牌的品質瞭若指掌的名模忍不住說出實話：「我不認為所有大牌都做到了環保，雖然他們經常順著社會風潮設計展示一些所謂的環保系列，但這並不意味著他們正在實行環保。」

當這些「偽環保」者越來越引起綠領的反感時，有一些大品牌開始實踐一些真正有價值的環保創意，比如衣服大量採用透氣清爽的毛料。某國際名牌建議男士以輕薄的針織開襟羊毛衫取代正式西裝，一樣能穿出奢華感覺。此外，該品牌男裝也設計了一些質地輕軟、剪裁寬鬆的西裝，連正式的晚宴禮服也變得輕鬆休閒起來，而且這樣「可以減少夏天大家使用冷氣的用電量」。

LV宣稱，寧可推遲新貨的上架時間，也要採用輪船運輸代替空運，因為船運油耗更省，廢氣更少，對環境有好處。另外，他們還在所有LV皮具上取消了污染性膠水，並減少了紙板包裝，聽起來務實「健康」了許多。

當然有的環保產品之所以奢華高價，也是另有深意的。人們把很多錢花在了一件非常昂貴的衣服上，肯定在別的衣服上的花費就要減少。減少了消費，從某種意義上來講就是減少了浪費。另外，這麼貴的衣服，買了肯定要多穿幾次炫耀，這樣一來自然符合環保守則多次使用的原則。

第2節 天然材質的服飾，對皮膚最友善

二十一世紀是「健康世紀」，「綠色」、「健康」、「養生」等生活理念逐漸滲透進了人們衣、食、住、行的各個領域。

但是在我們周圍，只注重食品健康而忽視穿衣健康的仍然大有人在。確實，在過去的日子裡，我們將保護身體的注意力都放在食品安全等方面，殊不知人體對健康的要求是全面的，任何一個細節都不能忽略。

沈薇是一名品酒師，這段時間心情非常糟糕。原因是她突然患了皮膚感染，治療了很長一段時間，花錢花時間不說，病情老是反反覆覆，又痛又癢，渾身佈滿了被抓破的小傷疤，久久不能癒合，為此公司也不敢再聘用她。失業後的沈薇到處尋醫問藥，尋求解決的辦法，希望早點擺脫困擾。

每次就診，醫生們都會詳細問詢沈薇的病情，然後開藥方，無論是口服還是外敷，藥物對她的病效果甚微。久病成良醫，沈薇自己知道，醫生的處方大同小異。只有一位醫生在詢問她的病情之後，還額外多問了她平時的穿著習慣，然後總結出沈薇生病的根本原因——平時對衣服，特別是內衣的健康性能的忽視，是反覆感染的元兇。沈薇很震驚，出於職業習慣，她對飲食的健康一直都十分注重，但是穿著健康這個理念還是第一次聽說。而正是由於沈薇對穿著健康知識的匱

乏，才引發這種煩惱。

健康穿衣的理念，最先流行於美國。隨著健康穿著之風登陸亞洲，綠領們最先認識到，健康穿著要從源頭做起，即從選擇衣服材質做起。

在服裝的選擇中，應該盡量避免選毛織品、化纖品。這類材質雖然穿起來輕軟，但是透氣性和吸汗性不好，影響皮膚呼吸和汗液蒸發。而且對皮膚有一定刺激性，容易導致過敏性皮炎。

內衣是衣服對人的一種貼心呵護，材質當然更為重要。內衣的材質最好選用本色或淺色的天然織物，以免染料對人體造成化學過敏。目前市面上仍然充斥著很多化纖內衣，這種內衣雖然顏色鮮豔討喜，但其材質和染料中含有的化學物質，會引起發癢、斑疹、水泡等皮膚過敏性症狀以及泌尿系統感染。儘管剛穿上內衣的時候，有些症狀不是立刻反應出來，但天長日久必然會有不良反應。這猶如溫水煮青蛙，危險一刻刻逼近，只是時間緩慢，不知不覺而已，但到有感覺時就為時已晚了。

國外有人曾對常穿化纖內衣的一千個人做過調查，結果發現，有六百人在一年之內出現過皮膚異常的症狀。

當然，對於現代人來說，生活中完全與化纖材質的服裝絕緣是不可能的，但是只要注意貼身內衣不選用化纖材質，那麼大多數由化纖衣料引起的皮膚問題還是可以避免的。

除了衣服，一些飾品由於跟身體也是親密接觸，可能也會引發一些健康問題，或存在健康隱患。比如有些金屬飾品是由鍍鎳或鎳合金材料製作成的，鎳是一種非常容易引起皮膚過敏的金屬。夏天人們穿得比較清涼，金屬飾物經常直接佩戴在皮膚上，再加上汗水的浸染，皮膚過敏就發生了。

服裝的安全問題不容小覷，但是將服裝美和健康美統一起來，也不是很難。只要材質選得對，健康就有保障。我們的肌膚喜歡什麼樣的材質呢？自然是對它最友善的材質。

說到友善，真絲是最不會給皮膚找麻煩的服裝材質了。真絲被稱為紡織品中的「皇后」，人們喜愛它不僅僅是因其美麗輕盈、柔軟爽滑，帶來公主般的嬌柔和王子般的優雅，主要在於它具有獨特的保健功能。取一片真絲放到顯微鏡下，可以發現蠶絲是許多細長的纖維分子沿著長軸方向平行排列而組成的，各分子之間留有很大空隙，水分子很容易從空隙中進出。因此真絲具有很好的透氣性能，即便夏天頻頻出汗，真絲也能起到吸汗和透氣的作用，有利於調節人體的溫溼度。對於愛美的女生，還有一個好消息，透過身體的動作，真絲能對皮膚產生按摩作用，增強表皮細胞的活力，防止皮膚老化。此外，真絲對某些皮膚病還有輔助治療的作用。真絲內衣對於老年瘙癢、女性外陰瘙癢症，都有明顯的止癢作用。

除了真絲，全棉材質的個性也非常隨和，從棉花籽裡蹦出來的棉纖維透氣又吸汗，是大多數內衣的主要用料。其吸溼性不亞於真絲，家裡常用的床品、毛巾都是它的傑作！

從麻的莖桿中抽離出來的麻纖維，從其粗粗細細的特殊質感中，就可看出它有稜有角的個性。麻類材質也具有非常優良的品質，由於麻纖維具有十分通風涼爽的特性，尤其適合夏天穿著。

無論是真絲、棉還是麻，受到綠領鍾愛的一個共同原因就是天然。人是大自然中的生靈，與我們的身體最親近的還是天然物質。因為天然所以健康；因為天然所以環保；因為天然所以綠色。

黏膠纖維：功能性健康新材質

隨著科技的發展，近年出現了很多功能性的健康服裝材質。其中一種名為黏膠纖維的高端天然紡織材質脫穎而出。黏膠纖維是以木、竹子或其他天然纖維為原料生產的纖維素纖維，包括天絲、莫代爾、竹纖維、木纖維等一系列產品，在目前主要的紡織纖維中，黏膠纖維的含溼率最符合人體皮膚的生理要求，具有光滑涼爽、透氣、抗靜電、染色絢麗等特點。

第3節 穿衣不慎，「衣」病難「醫」

有一句話在歐洲廣為流傳，那就是「來自衣櫥裡的疾病」。衣服既是人體的「第二肌膚」，幫助我們適應自然變化，又是「第一護衛」，維護人體的生存健康，其安全、衛生和舒適的重要性不言而喻。

很多時候，一件漂亮衣服能為我們帶來信心與魅力，但其隱藏的一些化學毒素、有害物質也可能正在悄然侵蝕著我們的身體，傷害了我們的健康。千萬別小看衣櫥裡存放的那些五顏六色的衣服，它往往就是導致疾病的「罪魁禍首」。從服裝原材料的種植到採摘，到紡織印染，到製衣上架，直至消費者選購上身和在家裡的存放，都有很多機會使衣服受到污染，進而使人致病。

我們一再強調著裝安全，穿衣與健康有著相當密切的關係是毫無疑問的，但是這其中的嚴重程度人們可能不會想到——穿衣不慎甚至會致癌。與服裝安全相關的技術部門曾經做過一次檢驗，發現約百分之六的樣品中含有紡織品禁用的可分解芳香胺染料，在有的樣品中還檢驗出高致癌性物質聯苯胺，最嚴重者超標高達一百九十倍。

皮膚如果吸收了有毒染料中的有害成分，可形成致癌芳香胺化合物。其中，聯苯胺毒性最強，而且潛伏期竟然長達二十年。這種可分解芳香胺的致癌性不僅遠比甲醛厲害，更惱人的是，它不像甲醛那樣洗一下就可以被消除掉大部分。

可見，穿衣打扮非同小可，購衣著裝惹人思量。「穿什麼衣服好？」如果問綠領，答案當然是兼備舒適、健康、環保三要素。

要做到這三點，我們必須得先知道一件衣服中隱藏的「健康殺手」有哪些。

殺手一：PH值。

服裝在生產過程中，無論是褪漿、煮練、漂白還是染色，都需要大量使用純鹼、燒鹼、PH調節劑、表面活性劑等化學物質，如果水洗不徹底不乾淨，就會造成紡織品上存留酸、鹼殘留物。PH值超標，會打破人體皮膚表面的弱酸性環境，引起皮膚瘙癢，甚至引發皮炎。

殺手二：甲醛含量。

為使衣服不起皺、不縮水、不褪色，有些生產商會在材質中加入大量含甲醛的染色助劑和樹脂整理劑，造成服裝中甲醛的含量大大超標。超標甲醛經釋放後被人體吸入，同樣會引發皮疹，還會刺激眼睛。

殺手三：有毒芳香胺。

這就是我們前面提過的可能致癌物質，產生原因大多是由於生產企業違規使用非安全型印花塗料。

殺手四：萘。

有些毛料或絲織服裝容易遭到蟲蛀，為了防治小蟲子，常進行萘處理。萘是一種易於揮發的物質，很容易被黏膜、皮膚和皮下組織吸收，含量過高也會對健康造成傷害。

殺手五：羽絨纖維。

這是出現在冬天的「殺手」，羽絨服裝中細小的羽絨纖維與皮膚接觸或隨著呼吸進入呼吸道後，可成為一種致敏源，身體就會產生紅腫、皮疹、瘙癢等反應。

為了遠離這些健康殺手，買回新衣服後，不要為了愛美迫不及待地穿上。剛買回家的衣服應先用大量清水充分漂洗後再穿，這樣可以去除染料中化學物質對健康的影響。新衣服也不要買回就立即掛入衣櫃中，以免污染其他衣服。

健康穿衣的綠色守則

- 有時價廉不一定物美，不要購買假冒偽劣或粗製濫造的便宜貨，這些有可能不符合生態安全的標準。
- 當心外貿小店所謂「出口轉內銷」服裝，很有可能是不符合生態指標而退回的衣服。
- 購買免熨服裝要看看吊牌上所註明的甲醛含量，如合格應該洗過再穿，因為這樣可以把布料上殘留的游離甲醛去掉。尤其是貼身襯衫、夏裝。
- 一開包裝就氣味刺激，或者顏色較深的新衣服，洗滌或出汗時就掉色，會對人體造成危害。最好選擇色牢度好的服裝。
- 印花織物如果手感僵硬，不適合貼身穿著。
- 選擇那些品牌已通過「環保生態認證」的服裝，安全係數高。
- 從乾洗店取回的衣服若擔心健康問題，可拿掉包裝袋在通風處晾掛，將乾洗劑中殘留的有害物質充分揮發乾淨再穿。

第4節 與衣服「來電」會危害健康

「來電」的感覺自然是妙不可言，即使沒有遇到心動的人，我們有時候也會「來電」。在生活中，由於穿著、氣候、摩擦等原因，常常導致人體中累積靜電，當突然碰觸金屬時，就會有電擊的輕微疼痛感，一段時間常常發生甚至可以造成一種心理壓力，導致害怕接觸金屬。如果暫時迴避接觸金屬，身上的電荷得不到釋放，可能會累積更多，日後會受更大的電擊。

在所有靜電現象中，與衣服「來電」，會更加危害健康。也許我們都有過這種體驗，當晚上睡覺脫化纖類衣服時，總會聽到劈劈叭叭的響聲，如果關了燈，還會見到閃爍的火星，這就是衣服與皮膚摩擦產生的靜電。

國外醫學專家研究指出，穿合成纖維服裝可誘發心律失常。他們對早搏的病人進行跟蹤觀察，發現有些病人並無器質性心臟病，也無其他可引起心律失常的因素，他們的共同點是常穿合成纖維的衣服。合成纖維衣服與身體相互摩擦產生靜電，靜電的電壓在瞬間超過四千伏，人就會感到身體燥熱，甚至會有煩躁、頭痛、胸悶、呼吸困難、咳嗽等症狀。時間久了，靜電改變了體表電位差，妨礙了正常的心電傳導，誘發了室性早搏等心律失常。當醫生建議這些患者改穿純棉或真絲內衣時，奇蹟發生了，他們的心律失常症狀完全消失了。

另外，持久的靜電還會使人體血液的鹼性升高，血清中的鈣含量減少，尿中鈣排泄量增多，這對於缺鈣的人無疑是雪上加霜。正在成長的小孩子，血鈣值不高的老人，以及對鈣的需求量甚多的孕婦和哺乳期的新手媽咪，應特別注意不要穿合成纖維的內衣，尤其是在氣候乾燥的季節。

對付靜電，平時只要注意一些小細節，就可以防止屢屢被「電」。一般來說，可以採取「防」和「放」兩個辦法。

- 「防」，盡量選用純棉製品做為衣物和家居飾物的材質，少使用化纖地毯和塑膠家具，以防止摩擦起電。
- 「放」，就是要增加溼度，使靜電容易釋放。室內要勤拖地、勤灑水，也可以用加溼器加溼，使房間裡保持一定的溼度和水分。有人喜歡在室內飼養觀賞魚和水培植物，也是調節房間溼度的一種好方法。我們自己要勤洗澡換衣，以消除身體表面積聚的電荷。冬天，女生應該盡量選用保溼度高的化妝品。頭髮起電時，將梳子浸入水中片刻，等靜電消除之後，便可以將頭髮梳理服貼了。換衣服之後，用手輕輕觸摸一下牆壁，摸鐵門把手或水龍頭之前也要用手摸一下牆，將體內的靜電「放」出去，它們就不會突然跑出來嚇你一跳了。

避免被電的小竅門

乾燥天氣時，我們在開金屬門或車門的時候，最容易被電。學會幾個小技巧，就可以免受「來電」之苦了。

手被電產生的痛感是由於高壓放電，由於放電時手與鐵門是極小面積的接觸，因而產生瞬間高壓。所以在開鐵門時，不要直接用手拉門，而是先大面積抓緊一串口袋裡的鑰匙，然後，用一個鑰匙的尖端去接觸鐵門。這時，放電的接觸點就不是手的皮膚上的某個點，而是鑰匙尖端，因此手不會感到疼。

準備下車的時候，由於開車和下車時身體與座位摩擦產生靜電累積，而下車後關門時，手突然碰車門就會遭電擊。這種情況常發生時，最好能夠在下車時，即在身體與座位摩擦時，就提前手扶金屬的車門框，這樣就可以在摩擦產生靜電時，隨時把身上的靜電放掉。

第5節 身體要舒適，不要「緊」

有一男子經常感到胸悶、氣短、咳嗽，看了很多位醫生，吃了很多藥，依然久治不癒。醫生們束手無策，他以為自己患了絕症，絕望之下決定自殺以獲得解脫。自殺前，他到裁縫那兒做了一套衣服，老裁縫邊量尺寸邊說，領口十六公分。男人說，是十五公分。老裁縫重新量了量說，不對，就是十六公分，如果勉強穿十五公分的，你會胸悶、氣短、咳嗽。

二十五歲的何小姐是位標準體型的美女，身高一百六十五公分，體重五十二公斤，身材堪稱完美了，但她卻是個十足的緊身衣追隨者。從內衣到外衣，甚至連襪子都是緊繃繃地裹著身體。「我就喜歡這種被衣服緊緊擁抱的感覺，買衣服永遠是小一個碼，才能凸顯身材。」何小姐坦言。她穿緊身衣的另一個目的是為監督自己，不許自己長胖，不允許身上多出來一點贅肉。

為了把身上多餘的肉肉藏起來，很多人喜歡穿緊身衣。超緊身牛仔褲更是很多女生的最愛，「這樣一穿，把肥肉緊緊的裹了起來，屁股也翹了，再穿上高跟鞋，身材立刻出來啦！」這是很多女孩子的打扮心得。

有些牛仔褲「短褲檔、包大腿」的設計，雖有種特殊的魅力，卻讓腰臀、大腿被緊緊裹住，加上布料厚實，容易讓身體感覺受束縛。長期穿著，對健康的傷害不容忽視。

還有一些愛美的美女，為了讓緊身衣下的身材更窈窕，長期貼身穿著塑身衣。陳小姐就是塑身衣的忠實「粉絲」，每個季節的塑身衣都有，冬天有保暖的，夏季又換上新式竹炭塑身衣，雖然價格不菲，但她說物有所值。「生過Baby後，腰身比以前粗一圈，肚子上的肉好像變得鬆鬆垮垮，穿上塑身衣後，生孩子前買的小碼裙子全能上身。」陳小姐得意地說。

都市中，穿緊身衣成為一種展現曼妙身材的時尚，殊不知這種「緊傷害」正悄悄影響著我們的健康。

穿上緊身衣以後，看起來似乎會瘦一點，但身體的脂肪怎麼可能因為擠壓而消失呢？一旦壓力解除，身材立刻會恢復原狀。而且衣服過緊會影響人體正常的血液循環和皮膚汗液排出，容易造成細菌感染而發炎，女性還可能患上陰道炎、盆腔炎等。另外，長時間穿緊身衣使身體備受束縛、肌肉緊繃，在一定程度上阻礙了腹部血液流通和內臟供氧，引發胃腸功能降低、腹部不適、便祕等症狀。

有一種「全身綁」的連體塑身內衣更是可怕，厚厚的強力纖維把腰、腹、臀、腿從上到下緊緊地箍起來，讓人看著就喘不上氣。這種塑身內衣緊貼在身上，使皮膚不能正常呼吸，尤其是出汗後汗液不能即時揮發造成毛孔阻塞，局部皮膚會出現紅腫，引起毛囊炎，甚至還會令皮膚粗糙，失去彈性，影響應有的光滑和潤澤。

看來，不要以為衣服「緊」會不要緊，穿得舒服首先應是最重要的，為了美麗而犧牲健康肯定是得不償失的。

與穿衣相關的尺寸之說

與穿衣相關的尺寸之說應分為兩種：一種是衣服本身的尺碼；另一種則是穿衣者自身的身體尺寸。只要在這二者之間找到平衡就可以達到幾乎是量身打造的效果。

適宜的才是最好的，很多時候不是像我們認為的那樣，「緊」就美了，過緊的衣服除了對健康不利，還很不「雅」。在街上有的人由於內褲過緊，透過褲子所呈現的線條，能清楚地看到臀部被勒出贅肉的痕跡，不僅一點也不美，而且很難看。

塑身衣幫不了我們。健康美體專家建議：把塑身衣扔掉，透過運動鍛鍊，如仰臥起坐、收縮腹肌等運動，持之以恆，可使腹部變小，真正展現美麗體態。

假如是工作需要必須穿緊身衣，建議穿幾個小時後放鬆一下，穿寬鬆的棉製品衣服活動，讓身體得到最大程度的放鬆和休息。

第6節 多彩多姿隱患多，「本色」穿衣最健康

夏天，人們喜歡穿顏色鮮亮、不易褪色的衣服。顏色鮮豔的衣服總能讓人眼前一亮、精神振奮，但是——什麼事情一說但是就可能有一個不好的轉折，這豔麗的背後卻可能含有致癌的隱患。

專家指出，有些顏色鮮豔的衣服含鉛量極高，因為其中添加了很多染料。我們如果長期穿著色彩繽紛的衣服，尤其是內衣，皮膚就會一點點吸收其中的鉛，造成鉛中毒。另外，還是得小心甲醛！甲醛主要來自於各類紡織印染助劑，人體吸收甲醛之後會影響肝臟功能，出現食慾不振等症狀，還會導致兒童發育不良。

還有一些衣服中含有可分解芳香胺染料，這是一種由二十四種可致癌芳香胺合成的染料。它們危害性比甲醛更嚴重，因為甲醛有特殊氣味、易溶於水，穿之前用水好好洗一下就可去除；而可分解芳香胺染料沒有特殊味道、水洗不掉，只有透過專門的儀器才能檢測出來，無法單憑感官鑑別。這種「毒」衣服在與人體接觸的過程中，皮膚不可避免地會吸收其中的染料，輕者會出現頭疼、噁心、疲倦、失眠、嘔吐等不良症狀；重者則會導致膀胱癌、輸尿管癌、腎癌等惡性重大疾病。

從有關機構的檢測結果來看，在大紅、絳紫兩種顏色中有毒染料最多。所以專家提醒，買衣服時除了要買聲譽較好的品牌，而且最好挑淺色的。尤其是內衣，一定不要貪圖顏色漂亮，選購

白色或貼近膚色的本色最健康。

如果購買化纖類材質的衣服，最好別選進行過抗皺處理或者漂白過的衣服，圖案上的印花也不要很硬，這類服裝加工較複雜，使用化學物質也就相對較多；二是買之前反覆嗅味道，如果衣服散發特別濃重的刺激性氣味，就說明殘留的有毒化學物質較多。

挑選棉麻等天然纖維的服裝時，也應該盡量選擇顏色接近天然纖維顏色的（如乳白、淺駝色）。總之，我們的綠色原則就是，買淺不買深。通常情況下淺色比深色更環保，因為淺色服裝材質在生產中被污染的機會相對較小。同時，盡量選擇沒有襯裡或墊肩的衣服，因為黏襯需要用到膠水，而好多膠水也是用甲醛來做溶劑的。

服裝色彩與情緒

雖然衣服的首要功能是遮蔽和保護身體，但服裝的顏色對人的情緒和健康有著極其微妙的影響。色彩會對人的視神經產生刺激和衝動，這種衝動又透過神經管道傳到大腦皮層，進而控制和調整影響人的情緒和內分泌系統，不同的顏色產生了不同的心理感受。人們便會覺得有的色彩悅目，使人愉快；有的色彩刺眼，使人煩躁；有的色彩熱烈，使人興奮；有的色彩柔和，使人安寧。所以完美的顏色搭配，能使人產生愉快的情緒並充滿自信。

如果你在精神上渴求穩定，希望減少因緊張而產生的壓力，避免焦慮，那麼最好選擇沉穩的顏色；相反地，如果你在精神上想充分發揮創造力，展現創意，則要選擇明朗的顏色。

第7節 洗滌劑障眼法，讓衣服越來越「毒」

關於人們平日都怎麼洗衣服，似乎是個挺有趣的話題。對這個問題還真有人做過調查研究，對近千名22～50歲的洗衣劑消費者進行了問卷調查。結果顯示，八成以上的消費者對傳統洗衣劑現有的功能不滿，洗衣健康成為消費者最關注的問題。

隨著生活品質的提高，人們對於洗衣劑的要求不可能是像從前那樣只求洗得乾淨，消費者的關注點開始從「物」轉向「人」，更多開始關注洗衣劑是否對人體的健康產生影響，是否對肌膚有傷害。

結果顯示，洗衣劑的傷手和殘留問題令消費者頗有微詞。在調查中，高達61％的消費者對洗衣劑的傷手問題產生憂慮。不少消費者反映洗衣粉會引起肌膚不適，使用洗衣粉時手部皮膚有灼熱感，有時還會紅腫發癢。

除了健康，洗衣劑的節能問題也極受關注。有一半以上的消費者提出由於大部分洗衣劑產品存在容易殘留、難漂洗等缺點，導致洗衣服花費了大量的時間、水、人力，使得衣物洗滌成本增加，不利於環保。

洗衣劑中最常用的洗衣粉裡含有磷酸鹽、螢光增白劑等成分，形成的污水排放會造成環境污染，如果長期接觸這些成分，對人體健康會有一定的影響。很多洗衣粉外包裝說明中的注意事項就能說明這一點，比如用後將手沖洗乾淨、勿用於清洗碗盤和食物等。所以洗衣應盡量避免使用合成洗衣粉，最好使用無磷、無螢光增白劑或者低磷的洗衣粉，既環保又健康。

洗衣時，洗衣劑要適量添加，洗衣劑用得「狠」是個普遍問題，不少人認為衣服太髒，或是為了洗得更乾淨，往往過量使用洗滌劑，然而漂洗時間卻不夠，衣服上常常有洗滌劑殘留。這些殘留物大多都是烷基苯類化合物，對皮膚有一定的刺激性，還會影響肝臟功能。

其實沒有必要過分添加洗衣劑，洗衣時加溫水使洗衣劑充分溶解和浸泡二十分鐘左右，可以更好地發揮洗衣劑的去污效能。另外，目前市面上還有零化學成分的洗滌用品，包裝採用PET可降解技術，非常健康環保。

現在流行懶人用品，有的人就算洗內衣都會用專門的小洗衣機。很多人在洗內衣時，也會習慣性選擇洗衣粉。其實，機洗貼身衣物，洗衣粉刺激性太強，不如選擇皂粉。

皂粉是一種粉化肥皂的洗滌劑，去污原理和肥皂相同，純天然、低刺激，同時有與肥皂一樣的良好去污力。皂粉中的天然去污活性成分，還能保護織物，洗後的衣物無需使用柔順劑就能蓬鬆柔軟，解決了反覆洗滌後織物污垢積澱、硬化、帶靜電等問題，效果比洗衣粉要好。另外，皂粉洗滌產生的泡沫少，更容易漂洗，避免殘留物質刺激皮膚，還節省了水，可謂一舉兩得，是個環保的好選擇。

因為注重洗衣健康的人越來越多，洗衣精做為一種健康、節能的洗衣產品日漸走俏，成為消費新寵。當然，也是綠領一族的不二選擇。

已經有敏感的商家打出洗護合一的理念，經過不斷發展，洗衣精的品種也由普通洗衣精發展到全效型、護理型、特殊人群（孕婦、嬰兒）專用溫和型等，品種達到二十多種。

人們對於洗衣精最滿意的地方，在於它不傷手、易漂洗和能夠保持衣物柔軟。根據市場調查，98%的消費者出於健康因素而選擇購買洗衣精。

當然，不同類型的洗滌劑也都有各自的優勢。日常選擇洗滌劑時，還應該根據衣物特點挑選合適的洗滌用品。一般天然皂粉更適合洗貼身衣物、嬰幼兒的衣褲等，洗衣精較適合洗輕柔嬌貴衣物，洗衣粉更適合清洗牛仔服、厚重的外套以及窗簾、沙發罩等大件衣物。

綠領環保洗衣主義

● 每月手洗一次代替機洗。

雖然洗衣機確實為生活帶來很大的便利，但如果髒衣服不多，比如只有兩、三件也用洗衣機洗，會造成水電的浪費。如果每月用手洗代替一次洗衣機洗，每臺洗衣機每年可節能約1.4公斤標準煤，減排二氧化碳3.6公斤。

● 每年少用一公斤洗衣粉。

洗衣粉是我們生活必需而離不開的東西，但是如果能夠合理使用，杜絕浪費，就可以節能減排。比如，少用一公斤洗衣粉，就能節能約0.28公斤標準煤，相應減排二氧化碳0.72公斤。

● 購買節能洗衣機。

節能洗衣機當然要比普通洗衣機節能了，但到底能節約多少呢？一臺節能洗衣機比普通洗衣機節電50%，節水60%。

● 使用洗衣球。

洗完衣服後，衣服上常因洗衣粉沒有漂洗乾淨而留下白漬，尤其是貼身的衣物，洗衣粉殘留容易引起皮膚過敏，導致皮膚粗糙。買個洗衣球就能讓你少用洗衣粉，為我們的皮膚添加了一道健康保障。

洗衣球長什麼模樣？它是直徑約為五公分左右的小球，外部是塑膠或橡膠材質，內部為一些天然礦物原料燒製而成的顆粒，按一定比例裝入球內。

洗衣球會在洗衣機裡隨水流旋轉而來回振動，增大和衣物之間的摩擦力，衣物會隨之震動，這樣藏匿在衣物纖維之間的灰塵顆粒和油脂就會被震下來，以此起到清潔衣物的作用。使用洗衣球可大大減少洗滌劑的用量，進而減少殘留。

洗較薄的衣衫，放入兩個洗衣球即可，厚衣衫要多放一、兩個。

使用洗衣球時，水溫不要高於攝氏八十度，否則會把洗衣球燙壞。如果洗衣機帶有烘乾功能，烘乾衣物時，別忘了先取出洗衣球。

每次洗完衣服後，應把洗衣球拿出來晾乾，每兩、三年需要更換一次。

第8節 愛自己的衣服，就是愛自己的身體

一年四季，衣服都呵護著我們的身體。每到換季時，我們就要更替一批衣服，讓它們進衣櫃休息。可是衣服的儲存方法，也關係到主人的身體健康呢！

儲存衣服，不就是疊好或用衣架掛好，放進衣櫃就行了嗎？其實不然，衣服儲存不當也會引發皮炎。如果把乾淨的衣服和沒洗的衣服混放，髒衣服上的汗漬會夾雜著螨蟲和細菌一起生長，污染了乾淨的衣服；有些品質不過關的衣櫃不斷釋放出來的游離甲醛，也會直接污染放在衣櫃裡的衣物，影響皮膚狀態。

可見，衣物儲存也是要講究方法的。愛自己的衣服，用心地儲存和保管它們，就等於是愛自己的身體。

衣服入櫃存放前，要先洗刷乾淨，這一點我們當然都能做到。如果是普通衣服，存放前洗淨晾乾，折疊整齊即可。毛料衣服晾過後，可用軟刷再輕刷一遍，把衣服掛起來輕輕拍打，不讓塵土裡的蛀蟲卵潛伏下來，以防熱天生成蟲子咬壞衣服。最好還能熨燙一次，以便殺蟲滅菌。

存放衣服的箱櫃要時刻保持乾燥。如果為了驅蟲，放入樟腦丸或樟腦精片的話，要用薄紙包好，不要讓衣物直接接觸樟腦丸，因為樟腦可能會把織物溶成小孔。衣服曬過後，一定要涼透了再放樟腦丸，否則衣櫃裡溫度過高，樟腦丸容易溶化，損壞衣物。

另外，不同材質的衣服也要用不同的方法來儲存。

存放棉、麻衣服前，衣服須充分晾曬。棉和麻是由纖維素大分子構成的，吸汗性好，在儲存時主要防止黴菌黴生物的繁殖，也就是防止衣服發黴。所以保持衣服和衣櫃的潔淨和乾燥是非常重要的，特別在夏季多雨的季節要注意檢查和晾曬。若要長期保存，一定要疊，在衣櫃中盡量平鋪，不要怕麻煩。白色衣服最好與深色服裝分開存放，防止沾色或泛黃。

絲綢是比較嬌貴的材質，在收藏絲綢服裝時，為防潮防塵，要在衣服上蒙一層棉布或把絲綢衣服包好。白色絲綢衣服不能放在樟木箱裡，也不能放樟腦球，否則衣服容易泛黃，看起來很陳舊滄桑。

呢絨服裝宜懸掛存放，並且將衣服外翻，以防褪色風化，出現風印。高檔呢絨服裝，最好不要疊壓，直接用衣架掛在衣櫃裡，以免變形或出現褶皺。呢絨材質最易生蟲，在儲存全毛或混紡服裝時，要將樟腦丸用白色薄紙包好，放在衣服口袋裡或衣櫥、箱子內。毛絨服裝存放時要與其他衣物隔開，以免掉絨掉毛，沾污別的衣服。

人造纖維服裝材質很容易因懸垂而伸長變形，所以宜平放鋪放，不宜長期懸掛。存放含天然纖維的混紡織物衣服時，可放少量樟腦丸或樟腦片；對滌綸、錦綸等合成纖維的服裝，則不需放樟腦丸，以免其中的二萘酚毀壞衣服。

從洗衣店取回乾洗的衣服，雖然看起來非常潔淨，也不要放心地將其放入衣櫃中。經過乾洗的衣服上，一般都會有一些乾洗劑的殘留物——四氯乙烯。我們的對策是，取回乾洗過的衣服後立即除下包裝，掛在通風良好的地方，晾曬一、兩天，等殘留物徹底揮發後再收入衣櫃。

打理和儲存衣服肯定會佔用我們的一些時間和精力，也會佔用家裡的很多空間。所以綠領達人還是建議我們，逐步建立自己的穿衣風格，不要讓家裡成為服裝王國。有一個明確穩定的著裝風格，不但會給人留下深刻的印象，可以提高衣服間的搭配指數，減少購衣的數量，無論是對自己的荷包，還是對環境，都是大有裨益的。

綠領的穿衣哲學

- 所謂流行都是相對的，沒有絕對的，穿出自己的個性即可。
- 據說國外的上班族如果連續兩天穿同樣的衣服，代表沒回家過夜。即使你的衣服不是每天都洗，也要爭取每天都更換一下，兩套衣服輪流穿一星期比一套衣服連著穿三天會更加讓人覺得你整潔。
- 購衣盡量選擇經典款，耐穿、耐看，同時加入一些潮流元素，不至於顯得太沉悶。
- 時尚發展到今日，已經體現為完美的搭配而非單件的精彩。
- 衣櫃裡不能沒有一件品質精良的白襯衫，沒有任何衣飾比它更加能夠千變萬化。

第9節 讓足弓放鬆，讓身體舒展

有人把女人分為兩種，高跟鞋女人和平底鞋女人。高跟鞋對女人的意義向來都是非凡的。高跟鞋的義大利文是Stiletto，意思是一種刀刃很窄細的匕首。對女人來說，高跟鞋就像是一把尖銳、性感的匕首，幫助女人征服男人。瑪丹娜有句名言：「給我一雙高跟鞋，我就能征服全世界。」

到了現代，高跟鞋更是性感的代言詞。鞋跟越來越細，越來越高，腳下踩上高跟鞋，立刻憑空高了幾公分，胸挺臀翹，女性特質立刻被強化了，視覺效果上自然更有女人味。

廣州有句俗語：「要靚唔要命」，講的就是一些女生為了美而不顧健康的行為。踩著越來越高的鞋跟，看起來似乎總是多多少少帶有一點自虐傾向。時尚，可以讓人生更多姿，但也可以「傷人」於無形，那就要看你能否把握好其中的「度」了。

俗話說，鞋子舒不舒服只有腳知道。美麗的鞋子裡往往裝著痛苦的腳。在足科門診裡，有近一半的足病與長期穿高跟鞋有關，常見的有足拇趾外翻、足底筋膜炎、雞眼等。

對高跟鞋帶來的痛苦，絕大多數女性是深有體會的。根據醫生的總結，長期穿高跟鞋，會有三大噩夢發生：

噩夢之一，前腳掌變寬——足拇趾外翻。

我們的「腳」所從事的是一個苦差事。因為人在行走的時候，雙足承受了身體的全部重量。但人體的構造很奇妙，為了減輕腳的疲勞，腳掌外側、內側和腳跟形成三點均勻受力，足弓充當減震器，發揮了緩衝的功能，但是一穿高跟鞋就破壞了這種平衡。隨著足跟的抬高，足底承重點發生了變化，前腳掌受力加重，為了能夠保持平穩站立，足橫弓自然下陷，前腳掌就會變得越來越寬。

所以不少常穿高跟鞋的女生會有感覺，以前穿37碼鞋，但腳掌變寬後卻要穿38甚至39碼的鞋。鞋跟越高，前足的壓力越大，最容易加重足拇趾外翻，即足拇趾向小趾方向偏斜，傾角超過十五度。如果足拇趾外翻特別嚴重，就很難再找到合適的鞋子穿。

噩夢之二，足踝外拐——習慣性扭傷。

穿高跟鞋的女生走路自然無法健步如飛，因為穿高跟鞋容易扭腳，而扭腳的機率與穿高跟鞋的時間成正比。由於足跟長時間抬高，走路時腳踝外拐，外踝關節呈現「半球狀」。如果路面不平，一不小心，就容易扭腳，次數多了，還會發生習慣性踝關節扭傷。

噩夢之三，拇趾負重——膝下O型腿。

通常，穿著高跟鞋走幾個小時就會感覺腰酸背痛，所以穿高跟鞋逛街絕對會苦不堪言。穿高跟鞋時，身體自然前傾，雖然對胸部和臀部有提升的效果，但時間久了，脊柱前彎，下肢前側肌沙發。

群和背肌處於緊張狀態，容易疲勞和酸脹。所以，不少人一回家就迫不及待地甩掉高跟鞋，奔向

更可怕的是，穿高跟鞋很久的女性容易變成O型腿。這是因為，離地幾寸後人體力線前移，前腳掌的第一拇趾下方負重增加，膝下O型腿、蘿蔔腿就越來越明顯了。為了高跟鞋犧牲美腿，好像並不值得哦！

為了降低高跟鞋帶來的副作用，鞋跟的「健康標準」是在七公分以下，最適宜的高度是三到五公分。而且高跟鞋能少穿就少穿，每天穿高跟鞋行走的時間不宜超過四小時。盡量不穿那種前臉長後跟尖的皮鞋，這種鞋俗稱「踢死牛」，穿著長久站立或走路無異於腳上戴了「刑具」。後跟超高且尖細的鞋對身體也不好，容易引起足部疼痛、麻木等不適感。

如果出於職業的著裝需要，必須得長期穿高跟鞋，最好平時在辦公室裡準備一雙柔軟的平底鞋，午休或閒暇時間讓雙腳適時放鬆。在假日裡，如果沒有特別需要，就摒棄高跟鞋吧！擺脫桎梏的雙足肯定會讓心情也飛揚起來。

什麼是理想的鞋子？

一雙舒適的理想鞋子，應該具有哪些特點？專家認為，舒適的鞋子應該有結實而柔軟的跟部支撐鞋底，有讓十個腳趾自由活動的空間，並有舒服的襯底。最理想的鞋子其實是運動鞋，現今的運動鞋在很多次的更新換代中融入了許多科技要素，最大限度地符合了人體需要。但再好的運動鞋也需要在穿半年後進行更換，因為鞋內的襯墊已經磨損破舊了。

連結：穿衣測試你有幾分「緣」

（在測試中，請記住你所選Ａ、Ｂ、Ｃ的個數。）

1．對衣服穿戴，你總是說：

A.穿什麼無所謂。

B.只要搭配協調就是美。

C.我一定要打扮得時髦高雅。

2．選擇上班的衣服時，你的標準是：

A.不必很特別，一般即可。

B.只要清潔、整齊、大方就好。

C.刻意裝飾。

3．如果出席特別的場合，你的標準是：

A.讓天氣決定自己該穿什麼。

B.挑一件最出色的。

C.趕緊去購一套新裝。

4．不知不覺中你竟重了三、四公斤，你會：

A.勉強湊和舊有的衣服。

B.立刻著手減肥。

C.順勢再添幾件新裝。

5.你這次買衣服是有預算的，可最後卻超出很多，以致於發生「經濟危機」，你會：

A.儘快忘掉此事，盼早日發薪水。

B.設法把部分衣服轉賣給朋友同事。

C.找些藉口做解釋，自我安慰。

6.你購置服裝，通常是怎樣的情形：

A.大減價時，一次買足需要的。

B.選購衣服，十分仔細，各方面適合才買。

C.只要一眼看中了，不管一切立即買下。

7.你對服裝設計師設計服裝的想法是：

A.沒考慮過。

B.想請人設計一套，準備穿上幾年。

C.只要條件允許，將請人設計所有的衣服。

8.公司為全體職工訂做了一批夏季制服，你會：

A.不論上下班，總穿著制服。

B.只在上班時穿，下班立即換上其他衣服。

C.但凡可能，上班也盡量避免穿制服。

結果分析：

如果你選「A」最多。

你有一個非常「綠」的生活態度和著裝態度。你對自己充滿信心，為人寬容隨和，別人和你在一起會感到自然輕鬆；你過得瀟灑自在，很能自得其樂。不過你有時也必須照顧一下大眾習俗，免得被視為粗心大意之人。

如果你選「B」最多。

你凡事都有自己的主見，不會盲目跟從，對時尚有清醒的認識，但不缺乏熱誠與情趣，是個善於把握並享受現時生活的人。只要在某些時刻適當控制一下自己的消費慾，避免奢侈浪費，還算是一個比較「綠」的都市人。

如果你選「C」最多。

你十分看重自己給人留下的印象，總希望與眾不同。你事事不甘人後，有時難免有點虛榮。其實你完全不必太介意他人的評論，你就是你。如果因為別人的看法而給自己背上沉重的負擔，活得就太累了。

3

飲食

——綠色飲食理念，

綠色「食」尚生活

第1節 有機食品＝無污染＋天然

「有機」這個詞，對於現代人來說已不再陌生。普通蔬菜在生長過程中通常會產生一些農藥殘留，經常食用會在人體內累積毒素，而天然、無污染的有機食品可以使人體減少有害物質的攝入、減輕身體負擔，這種健康理念逐漸成為人們的共識。

關於有機食品的「有機」，不是化學上的概念，「有機食品」這一名詞是從英文「organic food」直譯過來的。目前國際上公認的有機食品的標準為：原產地無任何污染；栽培有機農產品的土壤，應當在最近三年內未使用過任何化學合成的農藥、肥料、飼料、除草劑和生長素；生產過程中不使用任何化學合成的農藥、肥料、飼料、除草劑和生長素；加工過程中不使用任何化學合成的食品防腐劑、添加劑、人工色素和用有機溶劑提取；儲藏、運輸過程中未受到有害化學物質（除草劑、除蟲劑等）的污染；必須符合食品行業品質標準。

可見，有機食品應是天然、高品質的安全食品。在國外，「有機」的理念已深入人心，雖然價格高一些，仍然受到人們的歡迎。因為有機食品除了純天然、口感好，經過專家研究佐證，有機蔬菜和水果比普通蔬果含有更多的化合物，對人類的健康更加有利。對於綠領來說，有一點也相當重要，那就是消費有機食品對環境的可持續發展做出了突出貢獻。從環保的角度來說，有機種植的土壤能夠吸收大量二氧化碳，會大大減小溫室效應。

為了滿足人們健康消費的需求，市面上除了超市裡林林總總的有機食品以外，還出現了供應有機菜餚的有機餐廳。這不僅弘揚了環保精神，也越來越成為一種健康、積極的生活態度，成為一種時尚和品味的標誌。在很多大城市，有機餐廳以及開始提供部分有機食品的餐廳也漸漸多了起來，是綠領喜歡光顧的場所之一。隨著綠領族的逐漸擴大和成長，無論出於關愛健康還是關愛環境的角度，有機餐廳等推廣綠色食品的場所會一定越來越多，越來越受到人們的重視和歡迎。

有了潔淨的環境才會有潔淨的食物。民以食為天，飲食態度在某種程度上代表了我們的生活態度。童年的記憶，大自然的味覺是我們正在流失的東西。也許當年梭羅在瓦爾登湖邊潦草地書寫在他筆記本上的一段文字說出了一個真諦：「一個人的富有與其能夠做的順其自然的事情的多少成正比。」

垃圾食品加重身體負擔

在受到世界衛生組織「通緝」的垃圾食品中，前三名是油炸食品、醃製食品和加工類的肉食品。想想看，這三類食品是在我們的菜單中屢屢出現的，但營養學家告訴我們，這些食品攝入過多會加重身體負擔。

餅乾、速食麵、碳酸飲料都是人們平常圖省事時的方便食品，但卻會為健康帶來不便。但是食品對人的肝臟影響很大，所以也被劃在垃圾食品名單中。

方便食品中多有添加劑，最常見的速食麵含鹽量很高，吃多了容易患高血壓，而且損害腎臟；餅乾裡面的食用香精和色素過多，熱量太高破壞了維生素，還會對肝臟功能造成額外負擔。

燒烤越來越成為人們的心頭愛，但是食物經過燒烤是有害健康的。把肉類直接放在高溫下進行燒烤，會產生一種叫苯並芘的致癌物質。這種物質對人體具有強致癌性和致突變性。美國一家營養研究中心提出，吃一隻烤雞腿對身體的損害等同於吸六十支菸。而常吃燒烤的女性，患乳腺癌的機率要比不愛吃燒烤食品的女性高出兩倍。

除了上面提到了幾種垃圾食品之外，還有三種副食不可不防，那就是罐頭、果乾和霜淇淋。經過加工的罐頭，破壞了水果或肉類本身的維生素，營養成分含量非常低，而且熱量還特別多，不想發胖就少吃為妙。果乾裡含有三大致癌物質之一的亞硝酸鹽；霜淇淋、雪糕就更不用說了，裡面的奶油極易引起肥胖，影響健康還破壞身材。

第2節 面對基因改造食品，我們能做什麼？

一九八三年，世界上最早的基因改造作物（菸草）誕生；一九九四年，美國孟山都公司研製的延熟保鮮基因改造番茄在美國批准上市，從基因改造食品問世到現在，十幾年來基因改造食品的研發迅猛發展，目前已經大量進入尋常百姓家。

何為基因改造食品？專業點來說，就是利用現代分子生物學技術，透過基因工程將某些生物的基因轉移到其他物種中去，改造它們的遺傳物質，使其在性狀、營養品質、消費品質等方面向人們所需要的目標轉變，這樣的生物體直接做為食品或以其為原料加工生產的食品，就叫做基因改造食品。

如果說得通俗點，我們可以舉個例子。比如把北極魚具有防凍作用的基因提取出來，植入番茄中，研製出新品種「耐寒番茄」。這種番茄就是基因改造食品。

從誕生的第一天起，基因改造食品就飽受爭議。目前人們對基因改造食品的擔心，主要集中在其對健康和環境的影響兩個方面。英國的某研究機構曾經發表過一份報告，稱基因改造技術很可能導致不可預測的食物營養結構的改變，進而給人類健康帶來威脅。這一論斷給大眾帶來了極大的心理陰影。

專家總結，基因改造食品可能存在著五大隱患：

第一是毒性問題。一些學者提出，由於基因的人工提煉和添加，可能在達到人們預期的效果的同時，也增加和積聚了食物中原有的微量毒素。

第二是過敏問題。食用基因改造食品，可能會使對於一種食物過敏的人，有時還會對一種以前他們不過敏的食物發生過敏反應。舉例說，將玉米的某一段基因加入到核桃的基因中，蛋白質也隨基因加了進去，那麼，以前吃玉米過敏的人就可能對被轉了基因的核桃產生過敏。

第三是營養問題。營養學家們擔心外來基因會破壞食物中原有的營養成分，而破壞的方式是人們目前還不甚瞭解的。

第四是抗生素抵抗問題。當一個外來基因加入到植物中，這個基因會與別的基因連接在一起。人們在吃了這種改良食物後，可能會使身體產生抗藥性。

第五是環境問題。很多基因改良品種中含有從桿菌中提取出來的細菌基因，這種基因會產生一種對昆蟲有毒的蛋白質。生態學家們擔心，那些不在改良範圍之內的其他物種有可能成為基因改造物種的受害者。而且，生物學家們擔心，為了培育一些更具優點的農作物而進行的改良，其特性很可能會透過花粉等媒介傳播給野生物種。

出於這些原因，基因改造食品在一定程度上受到了人們的排斥。細心留意食品廣告不難發現，「不含基因改造成分」悄然變成了一句宣傳詞。比如：醬油在其廣告宣傳中用上了「使用非基因改造大豆釀造」的語句；麵包企業宣稱「使用不含基因改造成分的天然穀物為原料」。不含基因改造成分似乎成了「安全」的代名詞。

實際情況是，基因改造食品已經走進我們的廚房和餐桌，基因改造大豆、基因改造玉米等等更是隨處可見。尤其是食用油，統計資料顯示，目前在超級市場的沙拉油大都使用了基因改造大豆。而調和油，90%以上的配料都是採用了基因改造沙拉油。

但是，很多消費者在購買食用油等產品時，以品牌和價格為主要選擇標準，並未留意「基因」問題。有資料顯示，62.8%的人不知道自己食用的食物是否被改造過基因。

那麼，面對基因改造食品越來越普遍的情況，我們究竟吃還是不吃？

科學家說，要用科學的眼光看待基因改造食品，不要完全戴著「有色眼鏡」。如同人們搭乘飛機有危險一樣，要求任何食品「零危險性」是不現實、不科學的。

基因改造作物的種植生產已有多年，食用基因改造食品的人至少有十億之多，但至今仍未發現基因改造食品對人類健康造成危害的實例。

目前對於基因改造食品的爭論，主要集中在消費者知情權上。對於基因改造食品，強制性的標籤制度是非常必要的。應該有特殊的標籤供識別，讓消費者知道自己買下的哪些產品是基因改造食品。這是對消費者最起碼的一個尊重——他們有知情權，也有選擇權，對基因改造食品，他們應該自己來決定吃還是不吃。

一些負責任的科學家給出了這樣的建議：到目前為止，基因改造食品是安全的，沒有任何證據能夠證明它給人類健康帶來了危害，但是，老人、孩子以及體弱多病者最好盡量不吃。

第3節 純粹美食，無需合成

女作家陳燕妮曾在《遭遇美國》一書中這樣描述美國人：大把大把地、有滋有味地嚼著維生素，就像小孩子吃糖果一樣。對於一些時尚人群來說，口服維生素C和維生素E可以說是他們的日常習慣。

當在一些白領中展開調查，問及他們平日服用維生素的類型時，有53.5%的人經常服用維生素C，11.3%的人平時服用維生素E，服用維生素E、C複合劑的人數佔總體被訪者的20.4%。

越來越多的現代人，試圖以人工提煉的各種維生素、礦物質的合成膠囊、片劑來替代營養食物。儘管隨著科學水準的發展，人們可以提取和製造各種營養素，但也只是一種對天然營養素的模擬。

維生素可以預防很多疾病，在預防人體組織損傷、抗衰老及提高免疫力方面有明顯的功效。但是，只有食物中天然存在的維生素才能被人體很好地吸收。新物質的分離和提取往往是一種化學過程，會破壞物質的完整性。科學研究顯示，有些物質經過分離會變成親氧化劑，進而產生有害的自由基。以維生素C為例，維生素C在離子中時為抗氧化劑，而從離子中分離出來以後便會製造自由基，對身體反而會有傷害。

至今無法證明合成營養素能安全、全面地代替天然營養素。蘊含在食物中的天然維生素，比藥物的維生素藥片具有更好的生物藥效率。從電子顯微鏡下觀察，二者的形狀，大小是完全不同的。合成維生素藥劑從化學成分上看也不可能與天然維生素一模一樣。

維生素只有在與其他營養素相互作用時，才能對人體產生最佳效果。這些輔助營養素只在天然食物中存在，在合成維生素中是找不到的，在許多雜交及基因改造食品中也找不到。所以即使我們每天吞下很多粒維生素藥丸，也不是所有種類的維生素都能有效地被身體接受，與合成維生素相比，天然維生素能更好地被吸收。

大自然賦予人的食物本身就是完整的營養庫，吃合成維生素不如好好地吃頓飯。而且，還不會出現因服用過多的人工提取維生素所產生的副作用。

除了合成的營養素以外，人們每天還會吃下大量的合成食物。一般我們對食物的要求是色香味俱全，但人們是否知道有些食品的顏色是添加合成色素形成的？而過量地攝入合成色素，對人體的健康是有害的。

食品的顏色是第一印象。誘人的色澤能夠滿足人們的視覺感受，促進食慾，所以顏色和外觀成為人們選擇食品的首要標準。色澤不好的食品，會使人們產生不可口、變質的感覺，甚至產生畏懼和厭惡感。

合成食用色素成本低廉，色澤鮮豔，著色力強，使用方便，還可以任意調色，逐步成為食品生產企業的首選，被大量使用。人們偏愛色澤鮮豔的食品，為了吸引消費者購買，合成色素在此充當了食物的化妝品，然而，食用合成色素多屬於煤焦油或苯胺色素，它們不但沒有絲毫營養價值，而且大多數都對人體有害。主要表現在三個方面，即毒性、致瀉性和致癌性。

在「綠色運動」呼聲越來越高的今天，拒絕合成，食用天然美食已經成為人們的訴求。透過對食物的態度，我們可以看到綠領的生存理念：追求健康和諧的生活。如果你想要成為一名綠領，請從吃開始！

選擇營養品要慎重

目前市面上的各式各樣的營養品真是太多了。我們在選擇營養品時，不要多多益善，必須弄清楚這些營養品能夠透過哪些器官發揮作用，發揮什麼樣的作用等問題。通常我們在購買的時候會參考人氣指數和評價，或者聽聽名人推薦，但是重新審視我們自己的身體狀況和生活習慣才是最重要的。

有很多人認為，營養品不是藥，是健康食品，因此沒有副作用，其實不然。比如鈣質攝入過量會導致尿管結石，食物纖維攝入過量會導致腹痛。營養品不是食品，不可以大量食用，不要補充過量，造成物極必反的後果。

第4節 綠色食品，拒絕添加劑

在日本，有一個被稱為「添加劑活辭典」、「食品添加劑之神」的人，名字叫安部司。他從事食品添加劑工作二十多年，不僅熟知各種添加劑的作用和用法，還親眼見證了食品加工生產的種種「幕後」內幕。

安部司先生目前的職業是日本食品添加劑評論家，他曾經寫過一本名為《大家極為喜歡的食品添加劑——食品真相大揭祕》的書，一上市就成為暢銷書。

但是安部司先生最初並不是一個揭祕者，而是一家食品添加劑銷售公司的銷售員。當時他很熱愛自己的工作，把食品添加劑當作一種「魔粉」，認為食品添加劑可以讓不良食品起死回生，讓不好吃的東西變得可口，還能節約主婦的時間。總之，食品添加劑的出現，簡直就是一場食品革命，所以他極力推銷這種產品，經常是公司的銷售冠軍。

在安部司先生的推銷生涯中，有一件事最令他難忘：一家食品加工廠購進一批廉價蓮藕，因為品質不好，蓮藕都黑了。於是，廠商向他請教，他說只要放入食品用漂白劑漂一下，真空包裝後就可以拿到市場出售了。廠商按照這個方法一試，果然非常靈驗，大批廉價蓮藕經過漂白之後就上市了，廠商對他感恩戴德。

在他多年的從業經歷中，所經手研製的含添加劑食品種類繁多，從蔬菜、點心到飲料等無所不用。但是，在使用過程中，他從來沒有想到過食品添加劑也是有副作用的，會對人們的身體健康產生傷害。

安部司的轉變源於女兒的一場生日宴。女兒三歲生日這天，家人一起為她慶賀，太太做了一桌子的菜，就在大家高高興興地吃飯時，他看到女兒夾起一個肉丸子放進嘴裡。他突然感覺這肉丸子好眼熟，好像是自己開發的產品，於是趕緊阻止孩子不要吃了，並問太太這是哪個企業的產品。太太拿來了包裝袋給他看，還說孩子們都愛吃這種肉丸，他心裡突然十分難過，因為這種肉丸子是他參與開發的，所使用的原料完全是近乎不能用的廢肉，本來應該用來製作動物食品，可是廠商為了節約成本，廉價採購了這種劣質肉，請他幫助想辦法製造成商品賣錢。於是，他在裡面摻入了不能再下蛋的雞肉、人工大豆蛋白質，再添加上牛肉素、大量化學調味劑、豬肉、澱粉、黏著劑、乳化劑；為了保證色澤，還加了很多化學染色劑；為了防腐加入了保存劑和PH調整劑。為了維持和加固顏色，又加入了酸化防止劑。如此做成了香噴噴的肉丸子，真空包裝之後上市銷售。這樣一來，一個肉丸子中含有的添加物就高達二、三十種。本來是一堆應該扔掉的廢肉，經過大量添加劑的調製，就變成了進入孩子口中的食品，而且還成了自己家孩子最愛吃的食物。做為開發者本人他，簡直無法接受這一現實。從此以後，安部司毅然放棄了高薪的工作，轉而成為食品添加劑內幕的揭發者。

在我們的日常生活中，食品添加劑幾乎無處不在，這些被添加劑侵染的食品，通常口感都非常好。但食品添加劑或多或少都帶有一些毒性，經常食用身體會不知不覺被食品添加物所侵蝕，嚴重者還會出現一些身體的異常反應。

安部司在書中揭發，日常生活消耗量很大的速食麵，其中有一種口味叫做「豬骨湯」。這種速食麵泡出來，湯汁呈現乳白色，味道也和真正的骨頭湯無異，但是裡面卻沒有一滴真正的骨頭湯，都是食品添加劑勾出來的。普通的消費者不可能知道，一袋小小的速食麵調料中，竟然含有十多種化學添加劑。

在演講時，安部司經常為大家表演飲料的勾兌過程。他拿起面前的瓶瓶罐罐，還有一些白色粉末和黃色粉末比劃起來，看起來有點像化學老師做實驗。可是，當他左一勺、右一勺地調製一番後，一瓶有著美麗顏色的液體就會很誘人地呈現在人們面前。他高舉液體讓人們試飲，可是沒人想喝那麼多粉末勾出來的東西。

安部司告訴大家，其實這就是大家平時在超市看到的清涼飲料之一。他還指出，在我們的生活中不僅有飲料調料，還有醬油調料，還有用這種方法做出來的醋和糖。因為有這種使用大量添加劑的產品，才有了超市的廉價銷售。食品添加劑的發明，是食品生產商的狂歡。添加劑猶如一隻神奇魔術手，「點石成金」般地為食品產業帶來巨大利潤。

目前食品添加劑的使用範圍，幾乎覆蓋了所有的加工食品種類，換句話說，每個人只要吃了加工食品，就在一定程度上把形形色色的添加劑吃下肚。可能僅僅在一天之內，我們的胃裡就裝了七、八十種食品添加劑。

安部司先生在個人網站中寫道，我們的社會變得驚人的方便和舒適，可是，不能忘記在這種方便舒適的生活的內部有很多化學物質的存在。食品世界也是同樣，我們能夠容易而方便地吃飯完全是靠食品添加物的功勞。所以，在目前富庶的生活中，我們得到了什麼？失去了什麼？在呼籲食品危機的現在，有必要重新看待化學物質和思考。

安部司也承認，要想在食品中把化學添加劑完全排除在外是一件不可能的事情，重要的是人們應該盡可能選擇添加劑少的食品。對於消費者來說，要想記住哪一種添加劑危險，哪一種添加劑安全難度很大，讓所有人都掌握大約一千五百種添加劑的功能也是不可能的。所以，消費者在購買食品的時候，最好仔細辨認標籤，盡量選擇無添加劑或者是含有少量添加劑的食品。

由於添加劑的濫用，食品添加劑問題不可能在短期內得到徹底解決，但是隨著關注的人越來越多，努力讓自己吃得健康的人也會越來越多，我們掌握的真相也就會越來越多。隨著科學發展進步，更多的人為此努力，終將會令食品添加劑的使用更加安全、規範。

遠離添加劑的四大高招

第一招：養成翻過來看「背面」的習慣。

在超市購物的時候，大家是不是只看價錢和外表，看看保存期限，有多少人還能看看「背面」？

不管怎樣，還是先翻過來看看吧！先把手腕翻過來仔細打量，然後，依據「廚房裡沒有的東西=食品添加劑」這一原則，盡量買含「廚房裡沒有的東西」少的食品。

當然，要找到一點都不含「廚房裡沒有的東西」的食品是不可能的，但要找到所含數量少的食品，還是可以實現的。

舉個例子，如果你想買一袋裝蔬菜，有的在成分表裡只寫有蔬菜的名字，還有的寫有漂白劑、PH調整劑、抗氧化劑等添加劑的名稱。你會選擇哪一袋呢？當然是前者。看了「背面」再買和不看就買，差別還是很大的。

第二招：盡量選擇加工度低的食品。

一般情況下，食品加工度越高，使用的添加劑也就越多。盡量選擇加工度低的食品。有的人沒有時間自己做飯，習慣依賴最終產品，比如冷凍肉飯或飯團。其實這樣不如選擇中間階段——裝在袋子裡的米飯，回家後花點時間自己稍做加工成冷凍肉飯或飯團，一般都含有調味料（氨基酸等）、甘氨酸等添加劑。如果自己買米，用家裡的電鍋煮飯的話，是最佳選擇，添加劑為零。

買菜也是這樣。新鮮蔬菜是沒有添加劑的，但是切好的蔬菜和袋裝沙拉當中，會用到次亞氯酸鈉等添加劑來殺菌保質。

總之，加工度高的食品最好不要頻繁地食用。平常盡量買沒有切過的蔬菜，自己動手做，實在不行的時候再買現成的。

第三招：不要貪圖廉價東西。

都說便宜沒好貨。便宜是有原因的，這一點請務必牢記。尤其是低價的食品，通常也就是降低了對原材料的要求，使用添加劑做出「相應的產品」。但是確實有不少消費者只會看價錢，覺得「這麼便宜，真划算」，就買回家吃了。

第四招：培養「懷疑精神」。

具有「懷疑精神」是保障食品安全的開端。比如超市裡賣一種胡蘿蔔，一袋三根。三根胡蘿蔔像學生一樣，大小、形狀、顏色完全相同，重量也幾乎一樣。「為什麼自然培育的蔬菜會這樣標準呢？」有多少人具有這種「懷疑精神」呢？——要培育出這種「標準樣品」的胡蘿蔔，要使用大量的農藥和化學肥料。

第5節 會吃還要會做，最大限度保留營養

原材料在製成成品的過程中，有一個詞叫做「損耗」。比如機械零件在加工過程中會脫落很多鐵屑，木頭變成家具也要鋸下很多刨花，這是工藝過程的必然。在烹飪美食的過程中，要對各種食材進行加工、加熱、調味等，難免會流失一定程度的營養素。但有些時候，營養素的損失卻是不必要的，是由於加工方法、烹調手段不當所造成。因此，在烹飪過程中要盡量注意細節，最小限度地減少營養素的損失。

中國人的主食主要是麵食和米飯。麵粉常用的加工方法有蒸、煮、炸、烙、烤等，製作方法不同，營養素流失的程度也不同。相對來說，蒸饅頭、包子、烙餅時營養素損失較少；煮麵條、餃子時，大量的營養素會隨著麵湯流走。油炸的麵食可使維生素幾乎全部被破壞。

燜米飯本身不會損失多少營養素，但之前的淘米過程會損失較多營養素。淘米的次數越多，水溫越高，浸泡時間越長，營養素的流失就越多。所以，淘米時要根據米的清潔程度適當洗，不要沒完沒了地洗，不要用流水沖，也別用熱水燙，更不要用力搓洗。

肉類食物本身含有多種易被人體吸收的蛋白質、維生素、糖分及氨基酸等營養。在烹製時，紅燒或清燉損失維生素最多，但可使水溶性維生素和礦物質溶於湯內；蒸或煮對糖類和蛋白質起部分水解作用，但也可使水溶性維生素及礦物質溶於水中，因此經過蒸煮的肉類或魚類食物最好

連汁帶湯一起吃。

肉類有很多細菌，要在攝氏一百度左右的溫度下煮十多分鐘才能殺滅，但煮太久或溫度過高，又會使食物中的營養成分發生化學變化。因此，燉肉一定要掌握好火候，控制在攝氏一百度左右的較佳烹調溫度才好。

蔬菜是我們身體所需的維生素C、胡蘿蔔素和礦物質的主要來源。有的人洗菜前喜歡把菜先在水裡泡一會兒，殊不知這一泡使維生素受到很大損失。另外，切菜過程也會損失部分維生素。所以，洗菜時要用流水沖洗，要先洗後切，不要切得太小太碎；蔬菜要現做現吃，少吃剩菜，反覆加熱次數越多就越沒營養。

水果多數都是生吃最好，不過有一個成員例外——番茄。番茄的營養價值很高，維生素C的含量很高，雖然加熱過程會使得番茄中維生素C的含量減少，但加熱後的其中的茄紅素和其他抗氧化劑含量卻有顯著上升。茄紅素是一種抗氧化劑，可降低人患癌症和心臟病的風險，對人類健康貢獻非常大。

做一個綠領，不但要會吃，還要會做。資源不能隨便浪費，食物中的營養也不能隨便揮霍哦！

日常烹調方式會揮霍多少營養

煮：煮過的蔬菜會損失高達70%的水溶性維生素——維生素B和維生素C，但能減少脂肪量。所以很多減肥的人喜歡吃白水煮菜。不想減肥的話，煮過的蔬菜最好連湯一起吃，因為大部分的營養素都被煮到湯裡了。

蒸：大約損失30％的水溶性維生素，但比起煮食能夠保留更多的營養成分。

微波加熱：這種烹調方式，除了經驗老到的主婦，很難把握時間，容易熟過頭或者半熟。重新加熱時應當經常翻動，以便均衡熟透，如果少放點水，則能夠保留大部分水溶性營養成分。使用微波爐的好處，就是食物不能充分接觸到氧氣而被氧化，使營養素能得到最大程度的保留。

烘烤：烘烤時如果用箔紙包裹，肉類無需再增加油脂，蔬菜上刷點橄欖油即可。但是高溫會使維生素C損失掉。注意烘烤中產生的肉汁中含有維生素B群，千萬不要輕易倒掉。

燜：對於根莖類蔬菜和豆類來說，這是種很理想的烹飪方法。這種方法能把多種維生素保留住，缺點是脂肪含量較高。

炸煎：如果想發胖，吃油炸食品是一個好辦法。炸煎對於想瘦身的人來說不適宜，但能保留一些水溶性的維生素。特別需要注意的是不能反覆使用過度煎炸的油，並且最好使用橄欖油。煎炸的溫度不要過高，時間也不要太長，以免產生對健康不利的致癌物質。

旺火快炒：這是最能保留營養素的一種烹飪方法。手法一定要快，盡量減少食物在鍋中逗留的時間，稍微減少一點用油量，能相對損失較少的水溶性維生素。有些有葉蔬菜最適宜用「急火快炒」的方法烹調，比如蘆筍、捲心菜、芹菜、甜菜和大白菜等，既不會炒爛，又能保留營養。至於根莖類蔬菜，則不怕久炒，時間稍長點問題也不大。

第6節 關注卡路里，清淡才能更輕盈

霍先生剛滿三十歲，肚子就開始大起來，太太一直吵著要他減肥。他也覺得自己的胖已經不僅僅是一個外表問題了，而是事關身體健康的程度了，在太太的督促下，他立志減肥。

要減肥就要控制每天攝入的熱量，而要控制熱量就要控制食物的卡路里。對霍先生來說，減肥，就是從熟記卡路里開始。他開始研究卡路里、背誦食物的卡路里。時間久了，霍先生總結出一套減肥經：「要保持每天卡路里不超標，蔬菜最好生吃或水煮，調料少放，最好是低鹽，一天六克就夠了，紅色肉類卡路里奇高要少吃，茄子是蔬菜中卡路里很低的，全麥麵包也是減肥最佳食品……」

當然，我們不可能把所有食物的卡路里數精確地記住，但至少我們在關注卡路里的過程中，能在大腦中構成一個大概的印象，什麼是堅決不能貪嘴多吃的，什麼是有助於減肥的。

羅馬不是一天造成的，健康的飲食也不是僅僅用某一頓來衡量的。控制卡路里的攝取，不在於精確的計算，更重要的還是能夠有毅力地長久堅持。暴飲暴食、缺乏運動，造成現代人大多為亞健康。想管理自己嘴巴的人不少，可是能夠持之以恆、懂得應該如何均衡搭配營養的人卻不多。

有些人認為，要控制卡路里，就要保持清淡的飲食。所謂清淡，就是不吃肉，只吃蔬菜和水果。於是，很多人開始刻意追求這樣的「清淡飲食」：放棄所有動物性食品，放棄油脂，每天用蔬菜和水果代替主食，弄得全身疲乏無力，整個人懶洋洋地沒精神，影響了正常的生活。

其實，所謂正確的清淡飲食，是指低鹽、低脂、低糖、低膽固醇和低刺激等「五低」飲食。

低鹽即不要吃得太鹹。每人每天食鹽量不應超過六克，因為鈉攝取過多會誘發高血壓，食鹽較多地區的居民高血壓發病率明顯高於其他地區。

低脂即少吃油脂。這一點人們都知道，過量攝取脂肪是導致肥胖、高血脂、冠心病和某些癌症的元兇。每天攝脂總量不應超過飲食總能量的百分之三十。

低糖即少吃甜食，少吃分子量小的簡單糖（如葡萄糖、果糖、乳糖、蔗糖等）。

低膽固醇是說少吃含膽固醇高的動物食品。膽固醇過高會導致動脈硬化和誘發心腦血管病等多種疾病。

低刺激指的是少吃辛辣味重的刺激性食品。

我們提倡清淡飲食，前提是食物應該多樣化，主食以穀類為主，多吃蔬菜水果，同時也要常吃奶類、豆類和適量的肉類、蛋類。這樣，才能保證飲食中的蛋白質、脂肪等營養素滿足人體基本的需要。在此基礎上，再清淡飲食，才能真正地對身體健康有益。葷素結合、酸鹼平衡，才是營養均衡的最佳狀態，如果沒有這個前提，「清淡」也就失去了意義。

你每天需要多少熱量

一個人究竟每日需要多少卡路里呢？

我們可依自己的性別、年齡、身高、體重，計算一日所需的卡路里，以下便是計算方式：

男：【66＋1.38×體重（kg）＋5×高度（cm）－6.8×年齡】×活動量

女：【65.5＋9.6×體重（kg）＋1.9×高度（cm）－4.7×年齡】×活動量

一般人的活動量從1.1~1.3不等，活動量高數值便愈高，甚至有可能高出1.3的數值，若平日只坐在辦公室工作的女性，活動量約1.1，運動量高的人約為1.3。

例如：身高156公分，體重46公斤的18歲女生，每日所需的卡路里為1580千卡。

公式：【665＋9.6×46＋1.9×156－4.7×18】×1.2＝1580千卡

瞭解了我們每日需要多少熱量，那麼要如何計算食物中的熱量呢？

食物中的碳水化合物、脂肪和蛋白質是三種供給熱量的營養素。根據各種食物中碳水化合物、脂肪、蛋白質的含量，就可以算出各種食物所能供給的熱量。1克碳水化合物供給熱量4千卡，1克脂肪供給熱量9千卡，1克蛋白質供給熱量4千卡。如一個人每日吃的食物中包含450克碳水化合物、40克脂肪合80克蛋白質，則可以得到的熱量為：

（4×450）＋（9×40）＋（4×80）＝2480千卡

第7節 徜徉在維生素中的美食之旅

維生素即「維持生命的營養素」，是由波蘭科學家豐克命名的。我們要健康地生活，離不開維生素的支持。維生素讓我們每天都可以有這樣的感覺：一切正常！

人體一旦缺乏維生素，相對的代謝反應就會出現問題，導致免疫力下降，各種疾病、病毒就會趁虛而入。人體所需的維生素雖然量小，但卻與新陳代謝的各個環節密不可分。

維生素如此重要，可惜人類的身體不能自己合成。人體最需要的維生素應該來自於天然食物，與服用維生素補充劑相比，食補是一種更加合理、科學的補充方式。天然食物中除含有維生素外，還有一些其他營養素，綜合攝取有著協同吸收的作用，效果是單一的、人工合成的維生素增補劑無法達到的。

維生素種類很多，各種食物所含的維生素都是有所側重的。均衡而正確的飲食，是我們攝取維生素的最好方式。

維生素家族中的維生素A，對眼睛有營養保健作用。每天的飲食能給我們提供足夠的維生素A，但是當感覺眼球發澀不適、夜間視物不清時，就有必要重點補充了。維生素A存在於牛奶、蛋黃、動物肝臟中，胡蘿蔔、菠菜、橘子等蔬果中的胡蘿蔔素也可以轉化為維生素A。

維生素C無疑是維生素家族中最受女性歡迎的，它有防止色斑、皺紋形成的美容功效。我們都有過服用維生素C來預防感冒的經驗，因為它還能預防過濾性病毒和細菌的感染，增強人體免疫系統功能。維生素C在奇異果、橘子、草莓、大棗等水果中含量很高，一天吃一、兩個水果就足夠人體的需求。

B群維生素能促進糖、脂肪等轉化為能量，如果平時不怎麼吃粗雜糧、海產品、動物肝臟等，維生素B就會攝取不足，糖代謝不好，人就容易出現低血糖，頭昏、乏力等症狀。

與維生素C一樣，維生素E也有養顏功能，很多女生把維生素E當做美容用品，其實它還有降血脂、軟化血管、維持生殖功能的作用。維生素E在花生油、豆油、堅果中含量很豐富。

維生素很重要，但是我們日常可能很難搭配出比較完美的維生素菜單，下面推薦幾道營養專家精心搭配的維生素進補功能表，方便省時，即使你再忙碌也沒有理由拒絕它們。

維生素A餐：兩片全麥麵包，一杯新鮮優酪乳，一個番茄。優酪乳和番茄的維生素A含量都非常高。

維生素B餐：一杯鮮豆漿，一個香蕉，花生醬麵包。大豆、花生和香蕉都是富含維生素B的食物。

維生素C餐：紅棗粟米粥一碗，火腿三明治一份。粟米裡的胡蘿蔔素和各種維生素含量都很高；紅棗裡含有大量維生素C，補血補氣，又能有效地增強免疫力；再加一份火腿三明治，這樣搭配的早餐可以讓體力徹底充沛起來，足以應付一上午繁重而忙碌的工作，是工作強度大的人的首選方案。

維生素E餐：米飯、木須肉、蠔油平菇、鹽水花生。維生素E具有撫平肌膚、減少皺紋、增加皮膚彈性、保持肌膚光澤的重要作用，女性一定要注意補充。

測一測：看看你缺乏哪種維生素

1. 你平時甜食是否吃得很多？
2. 你是否睡眠不好？經常感到疲乏？
3. 你是否經常喝酒？
4. 你每週吃新鮮水果蔬菜最多1～2次？
5. 你正進行特種飲食嗎？
6. 你是否感到沉重的身心壓力？
7. 你是否經常感到虛弱？
8. 你的頭髮長得特別慢？
9. 你經常服用瀉藥嗎？
10. 你的頭髮乾燥嗎？
11. 你的指甲易脆裂嗎？

答案分析：

如果你的每個問題均在「否」上打勾，那麼，恭喜你，你的身體情況很好，請繼續保持。

如果你的測試題有半數以上是「否」，那麼，你應該弄清楚自己缺乏哪些類別的維生素，並側重補充。

你測試題目均是「是」，那麼，你就應該按照正確科學的補充方法即時補充維生素。

第8節 綠色素食，養顏怡情

做為一種綠色生活的消費方式，素食很受人們的青睞。素食養顏、怡情，素食同樣能夠滋養我們健康活潑的生命。

蔬菜瓜果由自然造就，妙味天成，長期食用，能夠使人神志清醒心情舒緩。佛門之中有許多長壽高僧，他們在某些層面上，佐證了素食利於養生。確實，素食可以淨化血液，預防便祕，並且安定情緒，在養生方面實在益處多多。

另外，素食也的確可以養顏美容，養顏的核心在於排毒，而排毒之法又分兩個方面：一是要使自己體內盡量不要再累積新的毒素；二是要把已經有的毒素排除乾淨，尤其是那些已深入到血液循環系統裡的毒素。要同時滿足這兩個要求，戒葷吃素是首選。植物性食物，尤其是含鹼性礦物質的豆類、蔬果等，能夠使血液變成微鹼性，血液裡的乳酸等物質會大大減少，相對也就減少了皮膚受損害的機會。而且，礦物質又能把血液中的有害物質清掃掉，經過「大掃除」後的血液，就能充分發揮作用，使全身皮膚細胞充滿活力，生機無限，皮膚自然柔嫩光滑，面若桃花。所以有人說，素食是最有效和最根本的美容護膚品。

在英語中，「素食者」的詞源就是「植物、蔬菜」（vegetable）。國外的素食運動由來已久，工業時代，環境的喧囂污染令人不堪忍受，人們嚮往潔淨自然的生活，素食也成為新的時尚潮流。上世紀七〇年代，英國有三分之一的人崇尚素食；二〇〇六年，美國有二千萬人實行素食，百分之二十的美國大學生熱衷於素食。

同時，素食得到自然保護主義者以及動物保護主義者的推崇。素食不但具備許多葷食難以企及的營養學優勢，對環境也大有好處。曾經有人做過這樣的計算，人吃一磅動物蛋白質，必須給動物吃二十一磅蛋白質。以美國為例，如果一年少消耗百分之十的肉類，就可節省出至少一千兩百萬噸穀物供養六千萬人；養活一個肉食者的土地，能養活二十個素食者。

除此以外，肉食產業不但污染水資源，而且大大消耗森林。雖然肉食產業經濟效益顯著，但對自然環境的破壞也同樣極為顯著。提倡素食，可有效地推遲和緩解氣候變暖，保護熱帶雨林。美國在上世紀九〇年代成立了一個叫做「素食者巔峰」的組織，就專門推廣素食，給素食者提供最新營養資訊。他們印製發行了《為什麼要吃素》和《即使你喜歡吃肉》等小冊子，收到了很好的宣傳效果。這個組織的素食宣傳不僅僅限於美國本土，還深入到加拿大、波多黎各、墨西哥等一些國家。

崇尚素食，不僅呵護了我們自己的身體，而且呵護人類生存的本源。都市的綠領族，也大多都是素食主義者。經過時代的演變與推進，素食如今已經被貼上了一種全球性的時尚標籤，成為一種全新的健康的生活方式，也反映了時代生活的多元和人們環境意識的覺醒。品味素食，親近綠色，愉悅而幸福，安閒而自在，素食主義值得我們好好分享。

素食對身體的好處

- 素食是最自然的長壽養生之道。
- 素食是最有效、最天然的美容聖品。
- 素食富含膳食纖維，可以減少癌症發病率，尤其是直腸癌、結腸癌的發生。
- 素食可以減少患高血壓、心臟病、糖尿病和肥胖等慢性疾病的發生。
- 素食關愛我們的骨頭，有助於骨質增加密度，預防骨質疏鬆症。
- 素食是瘦身良藥。
- 素食可以讓大腦更聰明敏銳。
- 素食使人性情溫和。
- 素食使人精力充沛，耳聰目明。
- 素食者可以遠離動物性疾病的侵犯。
- 素食有助於體質的酸鹼中和。

第9節 箸下留情，人類才不會孤單

有人戲言，眼下「四條腿的除了板凳，天上飛的除了飛機」外，似乎所有生靈都成了「美食家」的腹中佳餚。

焚琴煮鶴自古就被看成粗鄙的行為，但是這一幕到今天仍然不斷上演。

藍孔雀，尾屏華麗、姿儀優雅，因頸部色澤特別而獨佔一色——孔雀藍。這種孔雀在印度等國家被奉為仙鳥，神聖不可侵犯，竟然也成了有些人餐桌上的一道菜。有人還將孔雀放在餐館前用以吸引顧客，現殺現吃，毫無羞愧之心。

對美麗的孔雀尚且大嚼，對蛇之類面貌「可憎」之物更格殺勿論。吃蛇會導致鼠類失控，生態失衡，生態的失衡進一步導致糧食的減產。

吃野味者自古就被稱為饕餮之徒，但如今卻有人把其當做權勢、財富、身分的象徵，什麼猴腦、熊掌、燕窩、魚翅……無所不吃。

魚翅的來源——鯊魚，目前已經瀕臨滅絕。與鯊魚同病相憐的還有東南亞小島上辛勤築巢的燕子，因為人們愛吃燕窩，以致於小鳥們無家可歸，面臨著斷子絕孫的危險處境。

人們往往意識不到，各種野生動物的存在是人類安全、幸福生活的保障。

綠領為何被稱之為「綠」呢？因為「綠」是生命的底色。我們的祖先正是從綠意盎然的森林中走出來的。綠色的搖籃孕育了人類，從黎明的晨光到傍晚的霞色，耳聞那密密叢林裡傳出的陣陣鳥鳴，如美妙的音符跳蕩著、棲落著，這是多麼令人嚮往的生活。

綠領崇尚戶外活動，這種戶外活動並不是為了單純的娛樂，而是以新的方式與大自然進行親密接觸。他們會為一隻無家可歸的小狗尋找歸宿，他們會為慘遭屠殺的動物呼籲，為陷於絕境的野生動物盡一份力。他們努力學習如何善待和珍惜大自然，為子孫後代留下一片淨土。

地球上所有的物種都是在過去漫長的三十五億年間逐漸產生、進化和繁衍的，不同的物種在進化過程中不是孤立的，而是不斷平衡，相互協調的，所以才有了所謂的生物鏈，才有今天這樣多姿多彩的大自然。野生動物是自然界的組成部分，任何一種動物物種的滅絕都有可能造成局部平衡的破壞。一旦生態平衡被破壞，將會影響到我們人類自身的生存，最終人類將自食其果。

讓我們一起做一個有責任心的大自然的兒女吧！從自我做起，從點滴做起，善待野生動物，人類才不會孤單。

濫吃野生動物的危害

針對野生動物成為不少人盤中美餐的現象，專家提醒，濫吃野生動物是一種非常危險的行為。

在野生動物中，靈長類動物、齧齒類動物、兔形目動物、有蹄類動物、鳥類等多種動物與人的共患性疾病有一百多種。比如，有10～60％的獼猴攜帶B病毒。被牠抓一下，甚至吐上一口，都可能使人染病，而生吃猴腦感染的危險性更大。

人們吃蛇吃得最多，有的蛇皮肉之間寄生蟲成團，甚至拿手一捋能感覺到疙疙瘩瘩的。這些寄生蟲「蒸不熟煮不爛」，被吃掉後很容易寄生在人體內。

由於環境污染，許多野生動物也深受其害。有些有毒物質透過食物鏈的作用在野生動物身上累積，人吃了這種野生動物無疑會影響健康。另外，許多動物體內存在著內源性毒性物質，不經檢疫就吃進嘴裡，輕者中毒，重者有性命之虞。所以為了保護生態環境，同時也為了人類自身的健康，我們不能濫吃野生動物。

第10節 提高生活品味，摒棄「一次性」

不知從何時起，使用一次性日用品成為現代生活的一種衛生習慣。一次性日用品逐步侵入我們的生活，不知不覺間生活中一次性的東西越來越多：免洗筷、杯子、飯盒、牙刷……一次性用品的使用曾經被西方國家視為消費領域的一次革命。這種消費方式確實給消費者帶來了便利、衛生等諸多好處，但是也日漸顯露過度浪費資源的負面性。

在人們的消費觀念中，酒店提供一次性用品好像已經是約定俗成的事情了。據調查，像酒店的免洗牙膏、牙刷、沐浴液等一套「六小件」日用品，重量不到一百五十克，可是造成的資源浪費極其驚人。入住的客人一天一般只使用四分之一左右，其餘的就連同包裝一起扔掉了，第二天酒店為客人再換新的。為了處理這種「六小件」垃圾，環衛部門每年要投入鉅資。由於「六小件」的包裝多為塑膠，填埋在土壤中很難被降解，成了城市中的一大污染源。

雖然目前很多人對一次性用品仍然有很大的依賴性，但世界上許多發達國家對一次性日用品的使用率都在呈下降趨勢。許多大城市的酒店都沒有紙拖鞋、牙刷、牙膏等日用品，這些東西只能由顧客自帶。餐廳裡也看不見免洗碗盤。許多超市都用大紙袋給顧客裝東西，目的就是降低塑膠袋對環境的污染和破壞。

早在一九九五年，韓國政府就開始對一次性用品的使用進行限制。韓國各地的大小餐廳裡都見不到免洗筷子和紙杯的蹤跡。大飯店一般使用工藝精美的竹筷或古樸的銅筷，中小餐廳則多使用鋼筷子。

在韓國購物，如果自己沒有準備口袋，就要花錢購買紙袋或塑膠袋。更妙的是，顧客可以把這些用過的袋子原價退還給商場，也可以到商店或超市換新袋子，這樣就大大提高了塑膠袋的使用率。

一次性用品是把雙刃劍，既浪費資源又污染環境，如果提倡一次性用品的使用，消費量將是巨大的，不僅會造成資源的浪費，而且產生的廢棄物也會給人類帶來一場無法預料的災難。

古人說，勿以善小而不為，勿以惡小而為之。看似不起眼的一件件微小的一次性日用品，對資源的浪費與環境的破壞程度令人觸目驚心！拒絕使用一次性日用品，舉手之勞就是愛護環境，保護地球，是每一位綠領的準則，也應該成為每個地球人的準則。

摒棄「一次性」的綠色建議

- 外出郊遊時攜帶餐具，不使用免洗碗盤（碗、盤子、筷子、水杯等）。
- 盡量少買瓶裝水，使用可重複使用的水具，入水瓶、水壺等。
- 避免使用一次性塑膠袋，盡量使用環保袋或可降解的塑膠袋，不要將塑膠袋隨便扔在垃圾回收系統不完善的山區鄉鎮、野外等地方。
- 減少一次性電池的使用，選擇可循環再用的充電電池。
- 盡量使用可再生用品。

第11節

廚房污染是「無形」的殺手

由於傳統中式烹調習慣的特殊性，廚房對家居環境的污染慢慢開始被人們所關注。據說廚房污染在整個家居環境污染中佔到百分之七十。讓廚房遠離污染，維護我們的身體健康已然成為提升生活品質的一種體現。

廚房污染包括噪音、油煙、廚房燥熱等等！

下廚時，各種瓶瓶罐罐、碗盤、炊具碰撞發出的叮噹聲，抽油煙機發出的嗡嗡聲，櫥櫃櫃門閉合時發出的劈啪聲……廚房裡這些嘈雜的聲音集合起來，會給人增添焦躁情緒。

根據相關標準，住宅區白天的噪音不能超過50分貝（正常說話聲音通常為40～60分貝），室內雜訊限值要低於所在區域標準值的10分貝。據瞭解，一般家庭的廚房，雜訊要遠遠大於這個標準。過度的噪音污染，會使人的耳朵不舒服，出現耳鳴耳痛症狀、損害心血管、分散人的注意力、降低工作效率、造成神經系統功能紊亂，還會對視力有影響。

為了把廚房的噪音的污染降到最低，應設計構造合理的儲物架，安放好廚房裡的各種瓶瓶罐罐；安裝具有減震吸音功能的門板墊；選用吸力與靜音兩全其美的抽油煙機，把廚房噪音控制在65～68分貝之內。

油煙中揮發的油氣會直接傷害到煮飯的人。平常人每分鐘呼吸十八次左右，吸入空氣量約一千五百毫升，但在廚房煮飯時，呼吸達二十五次左右，吸入空氣量約二千毫升。在廚房裡一個鐘頭，會將十二萬毫升的廚房污染物吸入肺裡，比抽兩包菸還多，但是飯菜的香味很容易讓人忽略這些有毒氣體。

誰能想到油煙擴散揮發的有毒氣體竟含有三百多種有毒成分，據臺灣衛生署調查，其中硝基多環芳香煙是室外的一百八十八倍，還有丙烯醛等都是嚴重致癌物，對鼻、眼、咽喉黏膜有較強的刺激，長時間吸入可能會導致肺癌、慢性氣管炎、鼻炎、咽喉炎，還會導致免疫力下降！

家用天然氣具有甲烷的毒性，長時間吸入會令人頭痛、頭暈、胸悶、咳嗽、心律失常、失眠、記憶力下降等。

灶臺的高溫燥熱，會刺激皮膚，使毛細孔擴張，擴散的油煙附著在皮膚上，時間久了會令皮膚早衰，還會長斑。

可是無論是太太還是先生，每個家庭都有人不能避免地在廚房長期勞作，如何改善廚房的油煙污染呢？

降低廚房油煙污染的有效方法，首先加強廚房的排換氣系統，選擇效果好的抽油煙機，廚房要經常保持自然通風，在煮飯過程中，要始終打開抽油煙機，炒完菜十分鐘後再關閉。炒菜時不要使油溫過熱，最好不要超過200℃，以油鍋冒煙為極限。不用反覆烹炸的油，反覆加熱的食油，不僅本身含有致癌物質，所產生的油煙含致癌物也更多，危害更大。

現在很多家庭廚房裝修採用開放式設計，開放式的廚房，空氣流動範圍較大，抽油煙機不能很好地聚斂排放油煙，油煙廢氣會跑到其他房間裡去。要控制油煙污染，可以在灶臺與抽油煙機間附加一個半開放式的隔層，這樣就會好多了。

總之廚房污染是一個不容小覷的問題。打造一個綠色廚房，才能更好地關愛自己和家人的健康。

廚房洗滌劑也會害人

廚房是一個很容易滋生油污的地方，各式各樣的洗滌用品早已成為廚房的必備品。

雖然清洗劑使主婦變得輕鬆，但也給人們帶來了許多健康隱患。廚房洗滌劑主要分為兩類：一類是含氧清洗劑，用於清洗餐具、果蔬；一類是含氯清洗劑，有極強的去污功能，多用於清潔灶具及油煙機。

廚房洗滌劑雖然用途不同，但絕大多數都含有低毒或微毒的化學物質。由家庭洗滌劑造成的化學污染是近年來白血病、惡性淋巴病、神經細胞瘤、肝癌等發病率增高的重要原因之一。過度使用洗滌劑，無異於謀害人類的健康。

對於洗滌劑潛在的危害，應對之策是採取適當的措施，將危險係數控制在最低值。戴手套是必須的安全措施，使用洗滌劑時應戴上橡膠手套，避免皮膚與洗滌劑直接接觸。

洗滌劑是化學產品，會污染水源。出於環保考慮，如果餐具非常油膩，可先將殘餘的油膩倒掉，再用熱水清洗，這樣就不會讓油污髒水過多地排入下水道了。清洗有重油的廚房用具，也可以在熱水中加一點蘇打。

連結：你的飲食習慣「綠色」嗎？

請回答下列問題，並在你認為「是」的選項中打勾：

1. 你是否幾乎每天都在食物或飲料中加糖？
2. 你飲食中的天然水果蔬菜的比例是否低於三分之一？
3. 你是否幾乎每天都吃含糖的食物？
4. 你每天飲用的白開水的總量是否少於三百毫升？
5. 你是否在食物中加很多鹽？
6. 你是否經常吃精製麵粉製的麵包，而不是粗糧？
7. 你是否在大多數日子裡飲用超過一杯的咖啡？
8. 你一週內飲用的牛奶是否超過1.7升？
9. 你是否在大多數日子裡飲用超過三杯的茶？
10. 你每天食用的麵包是否平均超過三片？
11. 你一星期內吸菸的數量是否超過五支？
12. 你是否有一些特別偏愛的食物？
13. 你是否每天飲用二十八克以上的酒類（六百毫升啤酒，一杯葡萄酒或烈酒）？
14. 你一週內吃加工速食的次數是否超過兩次？
15. 你一週內食用紅色肉類（豬肉、牛肉、羊肉等）的次數是否超過兩次？
16. 你一週內吃煎炸食物（炸薯條等）的次數是否超過兩次？

17．你是否經常食用含添加劑和防腐劑的食物？

18．你一週內吃巧克力或糖果的次數是否超過兩次？

看看你打勾的數量，對照下面的答案分析：

0～4：你明顯是一個注重健康的人，某些細微不當之處不會影響你的健康。如果你在飲食中增補合適的維生素以及礦物質，你將更加健康長壽。

5～9：還算方向正確，但是對自己還需要嚴格一點。在改掉不良飲食習慣之前，不如做一些新的嘗試。例如，在一個月之內，不接觸兩或三樣你知道有害的食物和飲料。看看自己感覺會如何。對其中的一些食物和飲料，你可以決定偶爾吃一下，而其他的則乾脆戒掉。但一個月內必須嚴格控制自己，短期內的斷癮症狀會很明顯。爭取在三個月內使得分降低至五分以下。

10～14：你的飲食結構不合理，需要做一些改變才能達到最佳健康狀態。循序漸進，爭取在六個月內使得分降低至五分以下。你會發現，在找到其他的飲食選擇後，你的不良飲食習慣會逐漸改變。請記住，糖分、鹽、咖啡以及巧克力都是能使人上癮的食物。如果一個月不吃這些食物，你的健康情況會大有改善。

15～20：如果繼續這樣的飲食習慣，你不可能有好的健康狀態。你吃下了太多的脂肪、精製食物以及刺激性食物。請遵循營養學飲食的原則，逐漸並永久地改變生活習慣。在開始兩個星期內，你可能會感覺不好，但在一個月之後，你會感覺到健康飲食給你帶來的美好感覺。

4

家居
——最經典的綠色生活藝術

第1節 簡約生活，讓家中充滿自然氣息

無論是北京、上海，還是米蘭、巴黎，在各大城市中，從名家設計師推出的家居作品中不難看出，簡約家居之風正在回歸，人們正在摒棄那些繁複的線條和造型，以簡約精神表達著對人類自身的關懷。

堅守簡約設計以及愛好簡約的綠領們希望，用最簡潔的手段、最環保的材料以及最有創意的方式，讓簡約再度成為生活主流。而這種願望，恰恰與環保、低碳生活的大趨勢不謀而合。為了保護環境，減少資源的消耗，排放最少的二氧化碳，人們開始對有節制的日常生活方式產生熱情和興趣。人們希望能夠做到節約能源、不浪費、使用可循環利用的材料，同時也不降低生活的舒適度——人們開始向具有人性關懷和環境意識的簡約主義大踏步邁進。

對於綠領來說，不會負擔也不太喜歡過大的房子，擁有一所小公寓足矣，所以更要學會簡約地生活。他們在三十五歲以前，不變的也許只有E-mail。他們可能會頻繁地更換工作和住處；只要有一只皮箱，就可以隨時出發，這種隨性瀟灑的感覺讓人羨慕。

保持這種瀟灑的前提，就是必須做到簡約生活、簡約家居，也就是不積攢身外贅物。學會控制自己的擁有慾，否則誰都會很快累積太多零碎東西，身外物太多，只好不斷地找更大的地方來安置它們。有了更大的空間以後，再買更多的可有可無的東西——簡直是可怕的惡性循環。

擁有太多雜亂物品，人不得不因此被「拖」住。想到自己「滿坑滿谷」的家私就不願意移動，害怕搬家，也拒絕一切變動。不妨學學綠領，在小公寓裡保持一點「大學宿舍」的簡單隨意感覺，會讓人心態年輕，感覺自己的空間總是很充裕。適度、明快、和諧的簡約原則已經成為綠領們勾畫的生活基調。

生活簡約不等於不精緻，有的東西可能夠舊、夠隨意、夠不起眼，卻有好的品質。不過顯示品味的東西有一、兩件就好了。投資一個名牌皮包勝過一堆亂七八糟的衣服，消費是個人風格的投射，綠領認為在消費中最重要的是「態度」。這樣的「新吝嗇主義」實施起來，實在是有許多實際的好處。

去掉物質的拖累之後，心靈會隨之變得輕鬆。梭羅先生的《湖濱散記》是宣揚簡約主義的先驅，他寧靜、簡約的生活越來越被後人所欣賞。對於綠領來說，簡約這個主題詞貫穿著全部的生活。

電子化帶來的簡約主義

托現代科技的福，我們隨身的筆記型電腦裡可以儲存上千本電子書、很多首MP3格式的歌曲，找到數字格式的書或歌曲之後，就不用再增添藏書和CD了。厚厚的好幾本相片簿子也可以清理了，相片都以電子版形式存在電腦裡，只有需要的時候才列印出來。這樣可以節省多少地方，少累積多少灰塵，省了多少打掃的力氣啊！

以前我們的客廳裡擺著電視機、DVD機、音響等，現在有一臺電腦就足矣，所有的功能都兼備，可以看電視也可以看影碟。

科技給我們帶來輕逸，讓我們能夠更好地為自己的生活做主。只要隨身帶著筆記型電腦或者小小的掌上型電腦，就等於攜帶自己全部的「精神生活」，去到任何地方都可以保留自己的小小世界。

第2節 綠色裝修，以人為本的高品質生存

享受健康的快樂生活，追求綠色的生活方式，是綠領的主張，與現代人的生活態度也並不相悖。在人們對環保家居日益重視的今天，健康、內斂、自然的綠色裝修方式越來越成為更多都市人的理想。

綠色裝修，是指以人為本，在環保、節能的基礎上追求高品質生活空間的裝修方式。裝修後的家居沒有污染，使用過程中也不會對人體和環境造成污染。這裡所說的污染是指空氣污染、視覺污染、噪音污染、水污染、光污染、排放污染等。

裝修過程中要避免污染，家裝飾材的選擇非常重要，選用健康型、環保型、安全型的裝修材料，才能稱為是綠色裝修。一般來說，大部分無機材料是安全環保的，如通型木材、地磚、玻璃等傳統裝修飾材，但有機材料中部分化學合成物對人體有一定的危害。比如現代裝修中大量使用的複合板材、黏合劑和油漆，都是甲醛、苯、氨、TVOC、甲苯、二甲苯等有毒氣體的主要來源。尤其是其中的黏合劑，是毒氣的最大來源，而大多數家裝建材都有黏合的成分，目前市面上出售的各種刨花板、中密度纖維板、膠合板中，均使用以甲醛為主要成分的脲醛樹脂做為黏合劑。這些毒氣對人體的危害是很大的，據統計，中國每年有逾十萬人就死於家裝污染。

家裝污染如此可怕，裝修時該怎樣預防呢？

專家告訴我們，鑑別環保材料時要眼鼻一起上陣。木製建材和家具是否環保要先過鼻子這一關：拿一塊木板，聞一下邊槽部位，若是家具就聞家具表面和櫃子內部，如果味道比較刺鼻，說明甲醛的釋放量比較高，絕對不要買回家。

光是過了鼻子這一關還不夠，下一步的鑑別就得靠眼睛了。任何木料，如果宣稱環保一定要有相關部門頒發的綠色建材認證標誌。

除了裝修材料，市面上的油漆更是琳瑯滿目，種類繁多得讓人無從下手。要確保自己選到環保健康的油漆，首先要好好看看油漆外包裝的標籤標識。標識中應該有產品名稱、執行標準號、生產地、型號、規格、使用說明等內容。然後將油漆桶提起來，搖一搖晃一晃，如果裡面發出稀裡嘩啦的聲音，說明油漆包裝不足，缺斤短兩或者黏度過低，品質好的油漆真材實料，搖晃時幾乎聽不到聲音。

從市場行情上來看，環保產品的價格往往比非環保產品高一些，因此，如果要追求環保，消費者就要多花一些錢，但是買來的卻是健康，所以綠色裝修絕對讓你物有所值。

第3節 視覺污染，煩躁情緒的源頭

很多人在家庭裝修的時候都遇到這樣的問題：裝修好的房子，怎麼看都覺得不協調、不舒服。發生這種情況的原因，很有可能是因為家居設計的用色不當。

色彩在人們的生活中無處不在，漆彩概念在現代裝修中被越來越多的人應用，以體現主人的個性氣質和審美風格。但是，五彩繽紛的牆面塗料卻有可能深藏環保陷阱，造成視覺污染。

造成視覺污染往往是因為主人對於色彩的把握不到位，把家當成一個調色板，只要是喜歡的顏色就往上堆，各種色彩的家具都往家裡搬，沒有一個統一協調的風格。直到把家裝滿了之後，才會覺得怎麼看都不順眼。錢是花了，可就是沒有好的視覺效果，色彩污染也就由此而產生了。

視覺生態學家警示人們，色彩造成的視覺污染不能等閒視之，因為它會引發健康問題，不僅能夠造成神經功能紊亂、體溫、心律、血壓等等失去協調，還會令人頭暈目眩、煩躁不安、飲食下降、注意力不集中、失眠等。

其實，擁有一個漆彩環保的空間也不是多麼難的事情，採用正確的色彩搭配方案就好。想要避免視覺污染，在進行裝修之前心中一定要有一個整體的概念，比如家居的整體風格，色調的完整去向等等。做到胸有成竹，根據房子整體的風格進行裝修以及購買家具，才能有效地避免色彩污染。

根據視覺生態學家的介紹，紅、黃、橙色能使人心情舒暢，但也會產生興奮感，不宜大面積用於臥室；而青、灰、綠色等冷色系列則使人感到冷靜，甚至有點憂鬱。白色和黑色則是視覺的兩個極點。科學研究證實，黑色會使人的注意力分散，大腦中出現鬱悶乏味的感覺，長期生活在這樣的黑色房間中人的瞳孔極度放大，感覺麻木，久而久之，會對健康、心情產生不利影響。而把房間都佈置成白色，有素潔感，但易刺激瞳孔收縮，誘發頭痛等病症。

如此看來色彩中蘊含的學問還不小，所以在購買牆面漆的時候，最好先聽一聽專業色彩設計師的意見，在滿足個人喜好的同時，也要兼顧色彩的搭配法則。千萬不要亂用色，否則就真的是既不美觀又不健康了。

造型污染和光污染

大部分人都沒有家居裝修的專業經驗，所以通常會聽從設計師們的方案。有些設計師為了增加室內裝修的成本或是水準有限，會盡其所能在家居中運用各種平面造型、立體造型，而家裡就變成了造型展覽館，在某種程度上造成了造型污染。

在請設計師進行設計的時候，主人要多與之溝通交流，把自己所需要的造型的特點說清楚，要求要有統一的風格。

家居中的光污染，就是到處設光源使視覺產生混亂。有些人在裝修時把用光理解成到處設光源，這就大錯特錯了。造型一多必然會出現視覺疲勞，再加上交錯的光影、無序的色彩，視覺上給人感覺非常雜亂。所以適當地運用光影，創造更舒適的居住環境，也是在家裝當中需要多加注意的。

第4節 消除噪音污染，感受鄉間寧靜

汽車鳴笛聲，過往的人流聲，嘈雜的叫賣聲，樓上的裝修聲，下水管的沖水聲，推拉門窗聲……這些都是城市裡人們熟悉的噪音。在都市裡生活，每個人都飽受這些雜訊的打擾。

靜謐的家居生活，不僅包含聽覺上沒有噪音，更是一種心境的安寧。處理噪音污染問題，要從兩方面入手：一是避免外界噪音傳入，二是避免居室內部噪音。在避免外界噪音傳入方面，裝修前期只要和設計師做到充分溝通，並不是特別難以解決，因為現在的裝修材料、工藝等都能很好地解決這一問題；從居室內部來說，「消化」噪音的任務無疑就落到了裝飾上，就需要主人花點心思了。

消除居室內部噪音，令心境寧靜的有效方法，就是以下幾「點」——

分區明朗點：將家劃分成喧鬧的活動區如客廳、餐廳和廚房，和安靜的休息區如臥室、書房，實現「動靜分開」，兩大塊保持獨立、互不干擾。

光線柔美點：天花板、地板、牆壁太過眩目閃亮，會令人心煩意亂，導致對雜訊格外敏感。所以，在選擇裝飾材料和燈具時要注意光線柔和，不要太雪亮。

窗戶厚一點：如果安裝雙層玻璃窗，可使外面傳進居室的雜訊立刻降低一半，中空玻璃的隔音效果更好。如果條件允許，盡量選擇平開窗，而不是推拉窗。

牆面粗糙點：牆面如果特別光滑，房間裡就容易產生回音，進而增加噪音的音量。可以選用壁紙等吸音效果較好的裝飾材料，將牆壁表面弄得粗糙一些，能夠減弱居室噪音。另外，牆壁、吊頂可選用隔音材料裝飾，如礦棉吸音板等。

臨街隔音點：如果家裡有一面窗戶臨近馬路，可以把它改裝成「隔音窗」。臨街那一面的牆壁，在裝修時也可以多加一層紙面石膏板，牆面與石膏板之間填充吸音棉，再黏貼牆紙或塗刷牆面塗料，總之牆越厚越隔音。

窗簾密實點：質地厚實、褶皺多的大窗簾，能吸收大部分噪音。懸垂與平鋪的織物，吸音效果幾乎相同，所以，在地面上鋪設地毯也有吸收噪音的作用。

木質多用點：木質家具具有纖維多孔性的特點，這種特點使它能吸收噪音，所以購置家具時可考慮多選點實木家具，使用軟木地板也有吸引效果。

植物栽種點：在陽臺和窗臺上栽種綠色植物，不僅能降低窗前的雜訊，還能調節心情，帶來安逸的寧靜感。

減輕家電噪音的方法

很多家電都有靜音系列產品，商家主打「低噪牌」。但是無論怎麼「低噪」，都不可能做到完全靜音。減輕家電噪音，可採取以下幾個方法：

● 分室擺放：最好不要將家電集中在一個房間裡，聲壓級過高的電器更是不要放在臥室，如電冰箱等。

● 即時排除故障：有故障的電器噪音比正常工作時大得多，家電有了毛病，一定要即時修理或更換。

● 錯開使用時間：盡量錯開各種家用電器使用的時間。

● 補充營養：適量補充維生素，可以增加人體對噪音的承受能力。長期在噪音嚴重環境中工作、生活的人應即時補充一些蛋白質和維生素B群。

第5節 輻射無處不在，有效防護能「抗輻」

現代的家庭生活幾乎就是由電器主宰的生活，家裡充滿了大大小小的家電設備，大如電腦、電視機、冰箱、空調，小到電話、電燈等。人們使用的電器設備越來越多，家電產生的輻射對人體健康的影響，也就逐漸成了大家關注的話題。電器因為具有電磁輻射，又每日與人接觸，因此被稱為「隱形殺手」，聽起來很可怕。

近年來，關於電磁輻射損害人體健康的報告層出不窮。不要以為只有電腦、電視這種大塊頭才會有輻射，其實像電風扇這樣小家電輻射更大。總之家裡的輻射是無處不在的，如何才能有效預防呢？

專家表示，對於電磁輻射，一個最有效的辦法就是保持距離，三公尺以上即為安全距離。我們平時要盡量減少對電器設備的依賴，例如，每天少看半小時電視，一週少用一次電風扇，使用電腦、手機、微波爐等用品的時間也應盡可能縮短。不使用的時候，別忘了把電器的電源插頭拔掉，否則輻射會一直存在。

有人認為防輻射的防護服可以抵制輻射，專家卻建議我們不要輕信防護服的作用。因為人體本身就是一個大導體，防護服只能把遮罩的輻射導入到身體內部。

家裡的大小電器那麼多，產生的電磁輻射強度肯定也是大小不一的。要想心裡有數，可以用一個小收音機做個簡單的測試。

把小收音機調至中波波段，在各種工作中的電器附近移動，干擾越嚴重表明輻射越大，有人做過這種測試，實驗結果如下：

電鍋輻射極微小，幾乎不對收音機產生干擾；

電冰箱機體後部干擾比較明顯，但還不至於影響收聽；

在一公尺以外電視機幾乎無干擾，在0.2～1公尺的範圍內干擾較明顯，收音機有嚴重的嘈雜聲，在0.2公尺之內干擾很嚴重，幾乎無法聽清廣播信號，這說明電視機的輻射是很大的；

電腦的情況與電視差不多，主要指顯示器，普通顯示器的輻射較大，而液晶顯示器的輻射強度就微弱多了；

最驚人的是電磁爐，在收音機離電磁爐兩公尺以上的時候，干擾就已經相當明顯，距離縮短到一公尺的時候，已經無法收聽，而距離在0.5公尺之內時，收音機的廣播信號完全被掩蓋，幾乎無法工作，全部是雜音，這說明電磁爐的輻射之強令人咋舌。

測試過以後，我們心裡就知道該重點防備什麼電器了。

不過，電磁輻射雖然無處不在，要學會主動防護，但也不必草木皆兵過於懼怕。只要多瞭解有關電磁輻射的常識，提高自我保護意識，還是能夠有效避免輻射對健康的影響的。

防輻綠色小竅門

長期處身於電磁輻射環境中，我們可以採取以下自我保護措施：

- 對於電視、電腦等有顯示幕的電器，可以考慮安裝一個電磁輻射保護屏，就可以避免螢幕輻射出的電磁波直接作用於人體。顯示幕的輻射會使皮膚乾燥缺水，加速皮膚老化，嚴重的還會導致皮膚疾病，所以，在看完電視或用完電腦後要認真洗臉。
- 手機在接觸瞬間釋放的電磁輻射最大，如果有來電，最好在手機鈴響過一、兩秒後，或兩次鈴聲間歇之間接電話。
- 在飲食上，多吃一些胡蘿蔔、豆芽、番茄、油菜、海帶、捲心菜、瘦肉、動物肝臟等富含維生素A、C和蛋白質的食物，能夠調節人體電磁場紊亂狀態，加強身體對電磁輻射的抵抗能力。

第6節 綠色植物為房間「排毒養顏」

剛剛搬進新家的王先生最近不但沒有喬遷之喜，反而眉頭緊鎖。他和太太總是感到家中有一種難聞的刺鼻氣味，令人心情煩躁，十分不適。

這種氣味，我們就可以視為是空氣污染的一種。

家庭空氣污染，主要是指幾種在室內空氣中含量超過一定標準就會損害健康的有害氣體的污染。

引發居室空氣污染主要有兩大原因：一個是下水管道是始作俑者，管道內的微生物分解生活污水時產生了一些有害氣體，如硫化氫、氨氣、糞臭素等，這些氣體發出強烈的刺激性氣味，使人頭暈噁心；另一個罪魁禍首是甲醛超標的建築材料或家具，長期吸入被甲醛污染的空氣會引發鼻咽癌、喉頭癌等疾病。

所以像王先生家中的情況，首先應該先找出家中的空氣污染源，看看這股難聞的氣味主要來自浴室還是主要集中在居室內。

浴室出現空氣污染，一般是因為洗手臺的下水管道沒有做沉水彎，安裝一個沉水彎，再定期對下水管道進行清洗及消毒殺菌，基本就可以解決問題。

如果是甲醛污染，就需要用儀器對居室空氣進行檢測，確定污染程度和具體的污染源，才能對症下藥，制訂針對性的解決方案。

綠色植物對居室的空氣有很好的淨化作用。植物是地球上唯一能利用陽光合成有機物的偉大創造者，在二十四小時照明的條件下，植物對有害物質的高超吸收能力令人驚奇。家裡種些鬱鬱蔥蔥的綠色植物，不但具有觀賞價值，還能把居室打造成一個「天然叢林」。

夏林是一位從英國留學歸來的「海歸」女博士，在一家外資企業任職，收入不菲。在常人想來，注重生活品質和情調的她家裡一定非常奢華。可真的走進夏林的家時，卻令人大感意外，映入眼簾的不是金碧輝煌豪華裝飾，而是滿眼的「綠」！

在夏小姐家裡，每個房間的每個角落都點綴著不同的植物，沙發前的小茶几上有清雅淡香的薑花、書房的工作臺上有一排小盆栽，還是牆角和玄關處擺放著闊葉竹子。每種都長得茂密青翠，清新喜人。敞開式的廚房與客廳相通，牆上掛著一串嫩黃的小葫蘆，房間中間擺放一張鐵藝小餐桌，周圍是幾張籐椅，頗有英格蘭田園風情。

走進主臥的浴室，別有一種如夢似幻的美好感覺。傾斜的天花板上有一個小小的天窗，絲絲陽光透過天窗灑到浴缸中，又折射回天花板，幻化出粼粼的光影。浴缸上掛著的綠色小盆栽和浴缸裡悠閒漂浮著的玫瑰花瓣，把浴室妝點得如同十九世紀的歐洲鄉間別墅一般。

昂貴的家飾與有生命的鮮活植物相比，確實會黯然失色。含苞欲放的花蕾、青翠欲滴的枝葉，都為夏小姐的家增添了大自然的勃勃生機。夏林忍不住介紹起來自己的綠色心經：綠色植物葉片上的纖毛能截留空氣中的灰塵與雜質，有時甚至能吸納連吸塵器都難以吸到的灰塵。並且透過植物枝葉的漫反射，降低室內噪音，還能調節居室的溫度與溼度。做好自己家裡的綠化不僅能使主人賞心悅目，消除疲勞，還能減少焦躁與憂慮，緩解壓力，讓人保持一種平靜快樂的心境呢！

可見，在家居理念方面，夏小姐是一個典型的綠領族。與夏林一樣，對於房間的佈置，綠領的想法很簡單：根據自己喜歡的風格來設計，不一定要擺放什麼華而不實的奢華擺設，但綠色是絕對不能缺少的顏色。可以在庭院裡栽種一些植物，讓家中充盈著大自然氣息。如果沒有庭院，也可以在陽臺或窗臺上適量地養點植物，就連電腦前、書桌上、電視機旁也能見縫插針補上綠色。總之只要自己喜歡，覺得舒服就好。

適合家居且有助環保的植物很多：常青藤、鐵樹可吸收苯和有機物；茶花、石竹、牽牛花、仙客來，可透過葉片吸收有害氣體；吊蘭、蘆薈、虎尾蘭能夠吸收甲醛等有害物質；袖珍椰子能同時淨化空氣中的苯、三氯乙烯和甲醛，有「高效空氣淨化器」之稱，又容易照料，非常適合擺放在新裝修的房間裡。

如果居室內的採光不太好，喜陰又能除污染的植物不太多，不過還是有幾種的，比如黃金葛，即使在陰暗的環境中也能長得很好，並且能在大多數室內植物無法適應的環境裡「工作」。透過類似光合作用的過程，可以分解家具、牆面和煙霧中釋放的甲醛、苯、一氧化碳、尼古丁等有毒物質。

白掌一種也是喜陰植物，它可以過濾空氣中的苯、三氯乙烯和甲醛，還是抑制氨氣和丙酮的「專家」。不過它的葉子需要經常噴水，需要主人費點心思照顧。

能淨化空氣的植物有好多，選對了植物，我們就能呼吸到更加健康清潔的空氣，但也不是所有植物都能往家裡搬的。比如夾竹桃種在路邊是好的，但不能養在家裡，它的葉、花都含一種叫強心苷的物質，久聞會使人心律加快，並會出現幻覺或暈厥。夜來香也不能登堂入室，它的香味對人有較強的刺激作用，晚上還會釋放大量廢氣，對人的健康不利。此外，萬年青、鬱金香都是需要提防的植物。

植物淨化空氣的三大綠色原則

- 能否有效利用植物來淨化空氣，要根據居室環境污染的程度來做選擇。如果室內環境污染值在國家規定標準的一倍以下，採用植物淨化能夠得到比較好的效果。
- 根據房間的不同功能選擇和擺放植物。如果房間的裝修材料不同，污染物質也不同，可以選擇不同淨化功能的植物。臥室裡不能擺放過多植物，因為夜間植物呼吸作用旺盛，放出二氧化碳，不利於人的睡眠。
- 根據房間面積的大小選擇和擺放植物。植物淨化空氣的能力與葉面表面積有直接關係，所以，植物冠徑的大小、植株的高低、綠量的大小都會影響到淨化效果。通常，十平方公尺左右的房間，1.5公尺高的植物放兩盆就可以了。

第7節 綠色家具「綠」在哪兒？

健康的綠色生活當然要享用綠色家居，綠領在佈置房間時更喜歡選擇綠色家具。綠色家具是指那些能夠滿足消費者的特定需求，有益於人體健康，沒有傷害人體的隱患，按照嚴格的尺寸標準生產和人體工程學原理設計的家具。

再詳細一些說的話，綠色家具應具備以下特點：

在家具設計上，符合人體工學原理，不但重視人體在靜態條件下的生理狀況，而且著力於研究人體在動態條件下的生理狀況。具有科學性，減少多餘功能，即使在偶爾誤用的情況下也不會對人產生不利影響或者傷害。

在原料的選用上，綠色家具傾向於選擇天然的、符合有關環保標準要求的，不含有害物質的材料。在家具的使用過程中，沒有任何危害人體健康的有害物質出現。

在家具的生產過程中，盡可能地提高品質，做到延長產品的使用週期，讓其更為結實耐用，減少再加工中的能源消耗，並且對生產環境不造成污染、節能省料。

家具外包裝使用潔淨、安全、無毒、易分解、少公害、可回收的包裝材料。

綠色家具非常注意細節上的安全可靠性，例如，衣櫃要有足夠的深度；上下組合的家具要結合嚴密；擱板要有足夠的承重能力，負重時不會被壓彎；抽屜不能整個拉出，避免掉落傷人；對餐臺和桌子的平衡要求也很高，臺邊受力三十公斤時桌子不能翻倒，臺面如有玻璃板應有固定膠墊用以防滑；為防兒童被夾，折疊臺應有開關鎖等安全措施。

在尺寸上，綠色家具也必須要做到有利於人體的健康。目前對於桌椅類綠色家具的高度，已有明確的標準規定。桌子高度尺寸標準為70～76公分四個規格，椅凳類的座面高度為40～44公分三個規格。另外還非常人性化地規定了桌椅配套使用標準尺寸，桌椅高度差應控制在28～32公分之間，這種落差使用起來人才會感到最舒適。

至於沙發類綠色家具的尺寸，標準是單人沙發座前寬不應小於58公分，座面的深度應在48～60公分範圍內，座面的高度則應在36～42公分的範圍內。

符合人體工程學原理的綠色家具，不僅僅是使用時感覺更加舒適，最主要的好處還是可以最大限度地保障健康，減輕或者緩解肌肉的疲勞、疼痛與勞損，還能夠預防近視，保護視力。使用綠色家具，就能夠為自己營造出一個有益於健康的工作、學習和休息環境。

選擇綠色家具的五個關鍵字

綠色家具當然好處多多，從消費者的角度來説，怎樣才能正確選擇綠色家具呢？心中牢記五個關鍵字，保證選不錯。

關鍵字一：平穩。

好家具底部較寬闊，能夠嚴絲合縫地平穩貼地，左搖右晃的絕不合格。

關鍵字二：耐用。

家具做得結實才能耐用並安全。單薄的家具雖然可能在價格上低一些，卻容易造成木檔斷裂，引起嚴重事故。

關鍵字三：安全。

家具有尖角和利邊，或有一些可能會令人磕碰受傷的間隔、空位，都是使用中的安全隱患。這樣的家具與「綠」毫不沾邊，絕不能買。

關鍵字四：緊密。

綠色家具應是榫槽結構，不應在結合部位使用釘子。接合部分應緊密，不應有出頭的螺釘，否則安全性就會大打折扣。

關鍵字五：裝配。

配件也是家具的重要組成部分，應該妥善裝嵌，螺絲要旋緊，開關、鎖具使用起來都要便捷。

第8節 智慧主婦的綠色家居妙方

生活中，有好多懷揣三十六計的智慧主婦，她們雖然不一定是綠領，但卻聰明能幹，踐行著綠色的家居原則，她們有哪些生活妙招可以與大家一起分享呢？

主婦們每天不能避免的工作就是清潔和打掃，要經常使到很多清潔劑，其中含有的化學成分，不僅會刺激皮膚，還會污染空氣或水，甚至會散發有毒氣體，使居室環境和家人健康都受到影響。

其實，清潔也不一定就要處處用到清潔劑，可以用一些既無害而又有效的天然物品來替代。崇尚綠色生活的主婦，會用自己的智慧找到替代化學清潔劑的綠色小幫手。

我們先看看智慧主婦清潔廚房的綠色妙方。清潔鍋底或爐灶時，可以先將鍋底及爐灶的污漬用溫水弄溼，再密密實實地撒上一層食用小蘇打，然後將它們放置一夜。第二天污漬就會被充分軟化，只要用軟刷輕輕一刷即可去掉。

蘇打粉在刷洗茶杯或咖啡杯中的污漬時也能發揮優勢。用溼布蘸取少量蘇打粉在杯子裡反覆旋轉摩擦，就可將茶漬或咖啡漬輕鬆去掉。

洗刷水池及廚房中的櫥櫃時，先撒上蘇打粉或硼砂粉，然後用溼布來回擦拭。短短時間水池和櫥櫃就會光亮如新。清洗有油污的餐具，絲瓜瓤可以派上用場。

清潔浴室，智慧主婦也有綠色妙方。例如先用醋浸泡污垢，然後再將將污垢擦拭掉，可以避免化學洗滌劑污染水源。

如果白襯衫沾上了汗漬，可在蘇打水裡加上些白醋清洗，很快汗漬就會無影無蹤。

衣服上如果不小心沾了果汁，把鹽塗抹在髒污的地方，稍等片刻，用清水進行搓洗，很輕鬆地便能把污漬洗掉。

甚至就連地板清潔劑，主婦們也可以自製。清潔地板時，可用在蜂蠟裡加一點檸檬汁，再混入少量的橄欖油或其他植物油。然後，再用報紙或舊布蘸取擦拭地板，地板就會變得光可鑑人。

打理養護沒有上漆的木家具時，先在家具上塗抹少量的橄欖油，然後，用乾淨的抹布擦乾即可；如果家具上過漆，可將兩匙白醋與四杯水混合，裝入噴壺噴灑在家具上，再用乾布擦拭。

夏天，有些主婦家裡可能會擺放一些竹製家具。在溫水中加入鹽，待鹽溶化後，用這樣的鹽水擦洗家具，可使竹子恢復原本的色澤。

玻璃是易髒又不好清潔的家居用品。將醋和水以1：1的比例調勻，放入噴壺裡噴在玻璃或鏡子上，再用舊抹布或舊報紙團擦拭，玻璃或鏡子就會得變得非常明亮。

慧生活．慧消費

● 列出購物清單：有時候主婦們到超級市場或是百貨公司購物時，看到什麼感興趣的東西，就會不知不覺地放在購物車內。解決這問題的方法便是出門前在家裡列出購物清單，按照自己的單子選購需要的東西，不但可以避免漏買，又不會買下沒用的東西。

● 抓住打折時機：很多主婦們都有打折時才出手購物的習慣。智慧的主婦們在這期間購物確實可以節省不少。

● 到熟悉的地點購物：經常光顧某幾間商鋪，與它們的老闆混熟，購物就可能有額外的折扣呢！

● 避免追趕潮流：什麼產品在剛上市的時候，價錢通常都會定得偏高些，若過度地追隨潮流，只能縮減自己的錢包。

連結：從家居佈置測一測你的理財觀。

下面的六種居家環境，你最喜歡哪種？

A、適合兩人世界的溫馨小家。
B、每個房間面積相等，都很舒適。
C、坐北朝南，風水佳。
D、標準的三房兩廳。
E、重視單人獨立空間設計的房子。
F、寬闊、開敞、無多隔間的西式房子。

答案分析：

A、你認為「錢是要花的，而不是要省的」。由於過分地追求物質，難免變得很累，甚至連借錢消費也在所不惜。所以，你需要克制購物慾，理智消費。

B、你對於金錢極為敏銳，懂得理財，賺錢能力也很好。不喜歡按部就班地存錢，而是有野心，即使冒點風險，也想做些投資。

C、你是個一心一意賺大錢的人。正因為如此，投資要注意規避風險。

D、你是個性堅定穩重的人。由於性情穩定，知道錢財的重要，所以絕不輕易奢侈浪費。不過，一味的節省往往比那些重視錢財的人更易失去賺錢的機會。

E、你很有經濟頭腦，因此很會存錢。表面上看來似乎不大節儉，卻會不知不覺地存上一筆錢。對於金錢的運用很有條理，也極理智。

F、你毫無一點經濟觀念，悠悠哉哉如置身在夢中的浪漫主義者。沒有明確的金錢儲蓄觀念，只有在需要用錢時，才偶爾感覺到到錢的重要，或多或少儲蓄一點錢。

5

旅行

——走在路上的綠色風景

第1節 藍天、白雲和金色陽光中的綠色生活

喜歡旅遊的人，體內通常都有自由的種子。對於綠領來說，行走在藍天白雲和金色陽光下，不是為了消遣，也不是偶爾的放鬆，而是生活的一部分內容。無論走到哪裡，他們都會盡力追求與當地人一樣的衣、食、住、行和生活習慣，體會當地的風土人情，尋找沒有距離的零接觸。山水之旅的樂趣，在於逍遙天地間；玩樂山水時，臨水可看山，登山可望水。旅遊其實就是一種心態，遠離煩囂，平抑浮躁，在紅塵中擁有一份從容不迫的氣度，讓自己換一份心情，過一種禪意的生活。

旅遊中的不良心態

旅遊是對生活的一種調劑，是人們的一種嚮往和追求。身為一個旅遊者要想把這種嚮往和追求變成快樂的享受，旅途中就要有個開心愉快的心情，所以保持一個良好的心態是非常重要的。以下幾種不良「心理」會毀了你的美好旅途，必須要消除：

● 粗心。

旅遊最講究的是「閒心對定水、清靜兩無塵」的境界。而粗心卻往往會使旅遊變成走馬觀花，每到一處都匆匆忙忙，苦不堪言的旅途勞頓，讓旅遊真的成了花錢買罪受。

● 浮躁。

心不在焉、心浮氣躁是旅遊的大忌。旅遊講究的是人與大自然的和諧，而旅遊者也只有在進入了「相看兩不厭，只有敬亭山」那樣的境界後，才能從自然界中汲取神韻和精華，消除平日鬱悶在心裡的不良情緒。

● 懶惰。

在旅途中，懶得活動，動輒就以車代步，是現代旅遊者的普遍「病症」，被稱為「旅遊懶惰症」。這樣旅遊必將失去許多出行的樂趣和享受，而且還會使旅遊喪失了其本來的意義和價值，真不如躺在家中睡懶覺。

● 貪心。

現代人工作忙，假期短，空閒時間少，於是旅遊者們一出門，哪裡都想去，什麼都想玩，日程排得滿滿當當的，結果在旅遊中整個人像陀螺似地打轉，回到家中有時連自己也記不起來照片中的景點到底在哪裡。

第2節 公益旅遊：收穫遠遠大於付出

都市中的綠領常常外出旅遊，但他們往往一邊旅行一邊做著公益活動，漸漸形成了一種旅行方式。

同在路上，綠領們早已忘記了自己原本扮演的角色，一心填寫著自己的那份旅行答卷。被問及為什麼喜歡「公益＋旅行」的這種方式？有各式各樣的答案分析：回饋社會、保護環境、尋找快樂……無論哪種，都是讓我們為之動容的心靈雞湯。

在遊山玩水的同時做些公益事業，享受旅行與奉獻的雙重快樂。慈善助學、災後重建、關注特殊群體這些很嚴肅的公益事業，在旅行中被綠領附帶完成。清理景區垃圾、荒山植樹等公益活動是為他們的旅途添加了特殊的意義。這種號稱「隨心公益」的旅行方式，以其獨特魅力感染和打動著每一個經歷過的人。

「我們不是僅僅去做一次志願者，公益只是旅遊的一部分，我們更相信快樂和集體的力量。」這就是「綠領」們宣導的「隨心公益」。

安然是一名大學講師，閒暇時參加了幾次旅行團之後，她很快就厭倦了「走路看風景購物」的呆板觀光。一次暑假她到貴州參與了「多背一公斤」的旅行，出發之前根據網上的提示資訊，她買了一些山區學校需要的文具。到山區後，她的感受卻是「受寵若驚」。剛到學校時，孩子們有點怕生，站在遠處不安地看著這些陌生人，當說明來意後，旅遊者們就被團團圍住了，孩子們爭著搶著帶他們去山上看村莊和梯田。一路上，他們給大家唱山歌，採來鮮花野果，還挖出自家田裡的紅薯，讓這些大城市來的旅遊者體驗到平時沒有體會過的感動。

正是這種「收穫遠遠大於付出」的獨特感受，令綠領們不約而同地說：「公益旅遊受益更大的是旅行者自己。」綠領在公益旅遊中，得到了久違的「精神慰藉」，體會到城市中「已經消逝的真摯情懷」。

「感動」和「震撼」是綠領們在公益旅行結束後，屢屢提及的字眼。他們說，這種心情能激發起都市人逐漸淡漠的愛心。雖然公益旅行還不能算是真正意義上的公益活動，但卻讓綠領們覺得公益的最基本意義本應該是彼此尊重，彼此幫助，不應該是單純的施捨。在公益旅行時，旅遊者不應把自己的位置擺得太高，不要覺得自己一定要幹了什麼大事，對某個地方某些人做了什麼貢獻，才算不虛此行。在旅行的過程中把端正心態，做自己能力所及的事就好，目標過高只會適得其反。

綠領們對公益旅行的詮釋和期待是，希望可以引導受助者擺脫困境，而不是看到他們在時時刻刻等待幫助。綠領更想看到自己的行動不僅在物質上幫助了別人，更多的是為他們帶來生活的希望和指引。

旅遊中的注意事項

● 旅途中要注意勞逸結合，避免過度勞累。如果是團隊或兩、三人結伴，一定要有整體觀念，一切安排都應盡量照顧體弱者。

● 旅行時體力消耗大，一定要注意營養。住宿時盡量找個設施好點的住所，真正睡個安穩舒適的太平覺，以便更快更好地恢復體能。

● 旅行生活與平時生活之間的差距要盡量縮小。在旅途中盡可能維持日常的生活規律，使平時的飲食起居節律不遭破壞。

● 旅行時要注意預防「風病」。風病，這裡專指被風吹出來的病。比如，冬天車廂內猛然開窗透氣吹風；夏天車內酷熱且空氣混濁，靠窗近風而坐，吹風時間太久也會傷風；晚上車內溫度下降，沒有即時增加衣服導致著涼；或坐飛機時覺得機艙悶熱，把通氣閥門開至最大流量並長時間直吹頭部等等。這些都是引起風病的直接原因，要注意避免。

第3節 垃圾隨時帶，踏遍青山不留痕

「旅遊時，您常見的遊客不文明的行為是什麼？」在這樣的一次社會調查中，高達的33％的被調查者選擇「亂扔垃圾」，亞軍是「隨地吐痰」，佔14％的比例。

熱衷於旅遊的綠領陳小姐說：「雖然現在提倡文明旅遊，但是又有幾個人能真正做到呢？隨地亂扔垃圾情況仍然屢見不鮮。」

休假時，陳小姐與家人出外登山旅遊，下山時她看到一些清潔工人翻過扶梯揀垃圾，氣憤地說：「那段山路特別陡，清潔工人翻到山上將垃圾拾出很辛苦，亂扔垃圾的遊客太不像話了。」

每到旅遊旺季，有些景點會來一些清理垃圾的假日志願者。遊客最多的時候，他們常常撿垃圾撿得直不起腰來。有時他們一邊撿，一邊勸說遊客不要再亂扔垃圾。一天下來腰酸背痛、口乾舌燥。

在一些平日人跡罕至的自然環境中，如果旅行者亂扔垃圾，對環境的傷害更是難以估計的。有位登山專家說過，在雪山上搞一次登山活動，要用好幾匹馬才能將生活垃圾清理完。很多人將易開罐隨手扔到山野中，吃完的口香糖到處亂吐，對自然環境的污染及傷害特別大。

綠領族紮根於與大自然的親近關係中，提倡旅行時「除了垃圾，我們什麼也不帶走；除了腳印，我們什麼都沒留下」的環保精神。改善自然環境也是綠領戶外運動的重要目的，有時他們會

帶著不少空背包到某處進行大規模的垃圾處理活動，把那些可以自然降解的垃圾掩埋起來，不能降解的放進背包帶走處理。

善待自己，善待環境——綠領這樣生活著或努力著。其實，不論是白領還是藍領，只要我們有綠領的人生態度，就能追求自己可以達到的綠色意境。

做個「綠」遊客

怎麼做才能當個「綠色」遊客呢？

外出旅遊，一般就包括吃、住、行、遊、購、娛六個方面。

- 吃團餐要盡可能保持安靜，講究餐桌禮儀；如果吃自助餐，每次少取，多次取食。
- 入住酒店要注意保持客房內的清潔衛生，愛惜房間裡的設施。
- 乘坐交通工具時要按順序上車、登機或上船，不要搶佔座位或者大聲喧嘩。
- 遊覽風景區時，尤其要注意保護環境。在他國異邦和少數民族地區旅遊時，要注意尊重當地的文化和風俗。
- 如發生糾紛，應向導遊或領隊反映或投訴到當地主管部門。
- 觀看娛樂節目應注意守時，最好提前入場。

第4節 綠領哲學：先買帳篷後購屋

城市房價一路飆飛，比乘火箭還快。對於許多年輕人來說，高樓大廈中能有一個屬於自己的窩，就心滿意足了。可是，面對居高不下的房價，他們只好望房興嘆，持幣觀望。房子早晚是要買的。可現實是，貸款買下一間房子，即使面積很小，從此也要被房子「奴役」了。

房價在一天天飛漲，辛苦賺來的錢卻可能遭遇貶值，買與不買都是兩難。年輕人在心底糾結，到底要不要購屋？

有的人認為早晚都是買，不如一咬牙買下。專家卻認為，即便做房奴，也不要做年輕房奴。所謂年輕房奴，是指工作時間不長，收入不穩定，不得不向銀行大筆貸款才能購屋的年輕人。

表面上看，年輕房奴透支的是自己未來的收入，深究起來，其實也浪費了未來的很多機會成本。本來房子的首付款和每月的房貸，很有可能成為一項成功的投資，但是做了房奴，這種可能性幾乎為零。也許繼續充電深造能使你升職，有更好的職業發展和收入，但是成為房奴，這種可能性就變得渺茫。本來換一個工作可能獲得一個嶄新的空間，但是房貸壓在身上，年輕人不敢輕易跳槽。青春是允許失敗的，但是年輕房奴的字典中不能有失敗這個詞，因為重新再來的資本已經太少。

二、三十年的還貸壓力，只有少數人能輕鬆擺脫，對於大多數年輕人來說，幾乎透支了一生的時光。誰能保證自己的未來永遠一帆風順？年輕房奴只能謹小慎微地生活，提心吊膽地面對生活中的變數。如此熬到順利擺脫房奴的身分，還清貸款的那一天，至少脫了幾層皮。那時年輕人也年過半百，只剩下了一間房子。

專家忠告說，年輕人不應過早購屋，而應該先把精力用到發展事業和累積自身實力上。等有了一定的經濟能力了再購屋也不遲。中國人講究三十而立，就是說在三十歲的時候，明確自己一輩子的奮鬥方向。在此之前，變數太多，最好不要把自己變成不堪重負的小房奴。

用一個比喻來闡述這件事，如果讓一個十歲的小男孩挑五十斤的擔子，孩子會被壓垮；可等到他長成二十歲的壯小子，也許挑兩百斤都不在話下。

在一個房子的空間和未來的發展空間之間，綠領絕對會堅定地選擇後者。在他們看來，早早地背上房債，不如買頂帳篷，在享受生活的同時鍛鍊體魄，以更好的狀態投入到工作中去，有了一定的成就之後，才是購屋的好時機。

綠領小方半開玩笑半認真說，帳篷讓我知道天地有多大。去登珠穆朗瑪峰、喜馬拉雅山，山腳下任何地方都可能支起帳篷。小方想看一看，現在如果不購屋，世界究竟有多大。

年輕人做房奴的壞處

- 無憂無慮的日子沒了，每月的開銷都得精打細算；
- 學習充電的機會少了，因為充電既要花錢，又可能會減少收入；
- 灑脫的生活態度丟了，不敢輕易失業；

● 違心的言行多了，即便對上司不滿，也不敢勇敢表示；

● 冒險精神少了，開創新事業被房子扯住後腿。

第5節 綠領教程：野外生存有攻略

自助探險旅遊是熱愛生活、熱愛大自然的綠領們喜愛的旅行方式之一。自助探險旅遊的戶外活動有露營、越野、溯溪、攀岩、觀星等等，叢林中、溪水邊、沙灘上處處都可以是宿營地，在山清水秀的大自然中，野外探險自然樂趣無窮，不過也要掌握一些生存攻略，保護自己的安全。

為了保障安全和旅遊的順利，野外活動需要一些比較專業的裝備，主要包括帳篷、背包、睡袋、防潮墊或氣墊、登山繩、登山杖、岩石釘、安全帶、繩套、頭盔、護目鏡、防水透汗衣褲、手套、登山靴、襪子、叢林帽、炊具、爐具、指南針、望遠鏡、地圖、防水燈具、各種刀具等。

在野外宿營時，挑選一塊好的宿營地是很重要的。選擇野外宿營地要注意以下幾點：

首先是近水。離水源近，做飯、飲用、洗漱都可以很方便。但在深山密林中，靠近水源可能會遇到野生動物，需要格外警惕。

第二是背風。最好駐紮在山坡的背風處，或者岩石下面等。但要注意營地上方不要有滾石、滾木，雨天不要在山頂或空曠地上宿營，以免遭到雷擊。

第三是乾燥。營地要盡量選在日照時間較長，地面比較乾燥的地方。以方便晾曬衣服和物品。

野外活動需要攜帶裝備，身上肯定要有背包，一般可準備一大一小兩個包，需要經常使用的東西則應放在側兜，如地圖、指南針之類的，以方便隨時拿取。

在野外受傷，例如被石頭碰傷，被荊棘刮傷是常有的事，所以止血貼、繃帶、碘酒之類的處理外傷藥品不能少。萬一不小心踩到蛇，可能還會被咬上一口，保險起見最好再配置一個蛇毒真空吸管。

如果在野外吃了不乾淨或者變質的食物，除了會腹瀉、肚子疼外，還可能伴有發燒和身體衰弱等症狀，這種情況下應多喝些飲料或淡鹽水，也可採取催吐的方法將食物吐出來。

最後一點，參加野外探險活動，專業裝備和生存攻略僅僅是為了提高安全係數，最最重要的是需要有一顆堅強的心。

在野外如何使用信號求救

● 火堆信號。

如果是在夜晚，可點燃旺火，連續燃三堆火，中間距離最好相等。如果是在白天可燃煙，在火上放些青草等能夠產生濃煙的物品，一分鐘加六次。

● 聲音信號。

可大聲呼喊，也可藉助其他物品的敲擊發出聲響。

● 光影信號。

利用回光反射信號，是非常有效的求救辦法。找找身邊有什麼能反光的物品，如金屬信號鏡、罐頭皮、玻璃片、回光儀、眼鏡等等都可以用。

●地面標誌。

如果地面比較開闊，可以製作地面標誌來求救。如在草地上割出一定標誌，或在雪地上踩出、堆出一定標誌；也可用樹枝等拼成一定標誌，與空中取得聯絡求助。還可以使用國際民航統一規定的地空聯絡符號所示。

記住這幾個單詞：SOS（求救）、SEND（送出）、DOCTOR（醫生）、HELP（幫助）、INJURY（受傷）、TRAPPED（受困）、LOST（迷失）。

第6節 同車合乘：「民間創造」的環保智慧

隨著油價的不斷上漲，一直開車上班的伍先生細細一算，自己的汽油錢、保險等費用，每個月花在汽車上的錢不少。有沒有一個能節約開支的辦法呢？朋友提議說，同車合乘啊！

這個主意讓伍先生眼前一亮，同車合乘算是一種既經濟又環保的交通方式。於是他立刻行動起來，在一個網站上發佈了自己的同車合乘廣告和聯繫方式，很快就找到了志同道合的「同路人」。

在節能減排，可持續發展的潮流下，世界各地自發興起了各種環保生活的嘗試：合租房租、同車合乘、團遊、團購……

這些人形成一個全新的群體並可謂是可持續生活方式的實踐者，這個隊伍正在不斷地壯大。他們有一個共同點：都是老百姓自發興起的民間聯合行動，這種民間創造的生活智慧，還可以被稱為「協作型服務」。這些解決方案既能幫助人們解決日常生活中的一部分問題和困難，也維護了環境的可持續性，此外還促進了人與人之間人際關係的發展。

但就同車合乘來說，除了上班族的上班同車合乘外，還有節假日同車合乘、自駕遊同車合乘、出差辦事同車合乘、接送子女上學同車合乘等方式。

在專家看來，同車合乘主要有三個好處：一是節能減排，二是緩解城市街道交通壓力，第三還能節約個人支出。雖然同車合乘在中國才剛剛嶄露頭角，但在國外早已司空見慣，不少地方的當地政府都非常支持。在韓國、希臘及歐美的一些國家，很多計程車甚至已經在嘗試「合乘制」。

而在綠領看來，同車合乘除了是一種綠色交通方式，還是一種心靈享受，能給人帶來快樂，能讓有限的駕乘空間最大限度地充滿人情味。

合乘者如何買保險

在同車合乘過程中，一旦發生重大交通事故，難免會產生經濟賠償糾紛，除事先約定的責任外，同行者集體投保，能夠有效降低損失。的投保方案，有如下兩種選擇：

● 投保車上人員責任險。

車上人員責任險是車險附加條款之一，負責賠償乘員人身傷亡的實際損失。這種險種的優點是指定具體乘員，如果返程人員有變化，無需變更；缺點是與車險週期相同，無法短期投保。

● 投保短期意外保險。

現在很多保險公司都推出了針對自駕出遊的短期意外保險條款，也非常適合。這種險種的優點是保費便宜，保險期限靈活；缺點是人員變更需重新投保。

第7節 綠色行走，環保+健康的終極踐行

「我飛的時間太多，忽然很想不要飛，想走路去紐約，看看這一路我曾經忽略的一切，也讓感情在時間裡有機會沉澱……」這是陶子的歌，唱出了在都市中最新的一種潮流。

現代社會中的都市生活節奏太快，生存在城市裡的我們每天三點一線，早上出門，從一個盒子——家，走進另一個盒子——汽車，被搬運到第三個盒子——工作的地方，晚上再反方向返回。汽車在城市中呈幾何倍數快速增長，消耗能源，排出廢氣，污染空氣。由於城市中嚴重的空氣污染，城市居民平均壽命縮短約一年。我們也許將在日後還要面臨石油枯竭的危機。我們總抱怨沒時間健身，抽不出空運動，日復一日把自己困在自製的盒子裡，吸著工業廢氣日漸羸弱。行走本是造物主賦予給生靈的權利，可我們的雙腳卻早忘記了大地的厚度和踩著泥土的感覺。

雖然陸先生的收入足以讓他擁有私家車，但公車卻一直是他多年來出外的首選。在他看來，私家車和公共交通工具一樣，都只是交通工具，如果後者使用起來也很方便，為何一定要自己開車呢？除非有特殊需要，他一般都是坐公車上下班或者直接步行。他說如果自己開車，總會錯過窗外的風景。坐在巴士車廂中，感受著身邊的人群，能夠給自己慢慢思考的時間，與生活貼得更近。

在各種公車中，陸先生最喜歡坐雙層巴士，順著車裡的樓梯晃晃悠悠地爬到「二樓」，運氣

好的話能夠找到一個靠窗的座位，路邊高大茂盛的樹木會把枝椏伸到車窗邊，好像來打招呼一樣。如果時間充裕，陸先生會在下班的路上提前一、兩站下車步行回家。他從來不把走路當成負擔，這樣慢慢在城市中行走，能夠感受到一種悠然，這種心境令陸先生十分放鬆。

除了像陸先生這樣，上下班選擇更加「綠色」的交通方式，還有一些人更注重假日的行走。每個星期五下午，李魯必做的事是上旅遊網，為週末的短途旅行尋找地點和設計路線。星期一，他總能神采奕奕地出現在辦公室。他的工作要求有一定的創意性，他覺得投入到大自然的懷抱，自己能夠找到更多靈感。

每年的四月二十日，被美國訂為「國家走路上班日」，我們雖然沒有這個規定，但在城市中也有越來越多的人對走路相當的執著。很多上班族選擇早晨早早出門，步行到公司，晚上再乘坐交通工具回家，或者反之。當然這對於初「行」者來說，腳力和體力是一個大挑戰。

綠領們更是暴走發燒友，他們的目標甚至是用腳步丈量和覆蓋地球。雖然大多數人還是初起步者，不論從體能還是心理準備都一時到不了這種專業「暴走族」的水準，但這種綠領的行走主義可以成為激勵我們堅持步行的力量！

下一次旅行，我們就可以從腳開始，讓雙腳重新拾回運動的功能，用雙腳去重新認識我們的城市，我們的世界！

愛車等於愛環境

任何時候都完全以腳代步，在都市中可能是不太容易實現的。但是很多開車族也根據駕駛經驗發現，愛惜自己的車實際也是在做環保。

- 定期清洗發動機、更換化油器、培養節能的駕駛習慣、在停車等待時關掉引擎等等，都可以是環保守則。
- 如何洗車也有關環保，而且相當關鍵。如果很少跑長途，車不算特別髒，就沒必要用水猛沖，蒸汽洗車更加節水，收費也和普通洗車方式差不多。

第8節 自行車：世界公認的綠色高效交通方式

跟城市暴走族不同，李堯通常選擇騎自行車出門，理由是如果選擇坐公車或者開車上班，不但路線不是很方便，遇上大家都上下班的尖峰時段，更是一步三停，堵得心煩意亂，還不如騎自行車來得痛快。

李堯算得上是十足的自行車族，即使是遇到颱風下雨的壞天氣，也仍舊照騎不誤。他說騎自行車其樂無窮，天天躲在屋子中，自然風光都成了風景照，哪有親自體驗來得有趣呢？

李堯是個綠領，他的同事們也有騎電動車上班的，想到電動車的電瓶也是不環保，他沒有選擇。

大城市的交通問題日益突出，是當今世界各國所面臨的共同難題。選擇自行車當交通工具不僅能夠有效緩解交通壓力，也符合當今「綠色交通」的環保理念。隨著自行車熱、自行車文化的重新興起，城市中的自行車正在使人們的生活變得輕鬆而充滿樂趣。

某個城市曾在尖峰階段，開展了一次非常有趣的八公里路段通勤競賽：小汽車、公共汽車、摩托車、計程車和自行車分別相隔三十秒出發，最先到達終點的是自行車，用時約二十六分鐘，比公共汽車少用了三分鐘，隨後到達的是摩托車，然後是計程車和小汽車。

歐洲好多國家已經意識到自行車在改善城市交通狀況方面的顯著作用，所以極力鼓勵人們重新跨上自行車。自行車計畫最早的發源地是法國的里昂，隨後很多國家紛紛效仿。在德國的任意一個城市，都能看到鮮豔的自行車道像一條條彩帶鑲嵌在馬路兩側。在荷蘭，自行車受到社會廣泛認可，已經成為基礎交通工具。法國巴黎更是自行車的天堂，每隔幾條馬路，路口便有一個自行車出租站，將儲值卡一刷就可以騎上走，而且這些站點提供全天候二十四小時服務。

近年來，美國自行車的銷售量也顯著增加。家住維吉尼亞州的蘇菲購買了多年來的第一輛自行車，每天往返騎行二十六公里。她的目標是兩年內做到每天騎車上下班。

在北京也有很多自行車租賃點，大多分佈在繁華地段的捷運站旁，租用的人基本都是上下班尖峰期的上班族。

每年的九月二十二日是世界無車日，二〇〇九年的無車日主題是「健康環保的步行和自行車交通」。在綠色逐漸成為都市的主題色時，人們的交通方式也主動自覺地朝著更加綠色的方向發展，越來越多的人重新回歸自行車一族。在這個綠色潮流中，擁擠堵塞的交通狀況得到緩解，城市的天空也將變得更藍更美，人與路的關係也會趨於和諧。

自行車的健身效果

騎自行車與跑步、游泳一樣，是一種最能改善人體心肺功能的耐力性鍛鍊。

健身專家告訴我們，由於自行車的特殊結構，騎車時手臂和軀體多為靜力性的工作，雙腿多為動力性的工作。騎車過程中身體下肢的血液供給量較多，心率的變化也隨著踏蹬動作的速度和地勢的起伏而不同，所以心跳往往比平時增加兩至三倍。長期堅持騎自行車，能使心肌發達，收縮有力，心肌血管壁的彈性增強。進而也使肺活量增加，肺通氣量增大，肺的呼吸功能提高。

連結：測一測，你需要哪種旅遊方式？

旅遊可以放鬆心情、釋放壓力，面對媒體眼花繚亂的旅遊路線推薦，到底哪種旅遊方式才是你真正需要的呢？

1、你在家裡看過的電影還會去電影院看嗎？

A、覺得好看就會去——2

B、不會去——3

2、你喜歡看下面哪類小說？

A、言情——5

B、武俠——4

3、你單獨一個人生活時，會經常給自己煮飯嗎？

A、不會——6

B、會——7

4、同事、朋友聚會經常約你嗎？

A、會——8

B、偶爾——9

5、你覺得街上的乞丐都是騙錢的嗎？

A、是——9
B、不是——11

6、你的家在下列哪種地段？
A、繁華——10
B、安靜——8

7、你經常看笑話或腦筋急轉彎嗎？
A、會——13
B、極少——9

8、開會的時候，上司總會徵求你的意見嗎？
A、偶爾——13
B、經常——11

9、你經常單獨加班嗎？
A、經常——11
B、極少——14

10、你很適應都市快節奏的生活嗎？
A、很適應——13
B、不是很適應——12

11、你看到前面的人掉了一個東西，你會：

A、提醒他——B
B、什麼都不做——14

12、你有和同事爭吵過架嗎？
A、有——15
B、沒有——C

13、你在家中常感覺無聊嗎？
A、是——14
B、不是——15

14、你不小心將資料灑落一地，一個同事過來準備幫你拾起，你會：
A、拒絕他的好意——A
B、讓他幫忙——12

15、你很會活躍尷尬的氣氛嗎？
A、經常——E
B、極少——D

答案分析：

A、鄉村旅遊。

建議你選擇一種能夠打開心扉的旅遊方式，鄉村裡淳樸的民風、熱情好客的村民，一定能夠溫暖你的心。

B、風景勝地。

建議你選擇一種比較安靜的旅遊地點，除了能欣賞湖光山色，更重要的是自然的純靜感能夠帶給你一些啟發，一些感悟。

C、狂歡探險。

建議你選擇一種活潑、有趣的旅遊方式，狂歡探險中的刺激能夠讓你充分釋放自我，在尖叫吶喊聲中釋放壓力。

D、自駕車旅遊。

建議你選擇一種比較自由的旅遊方式來擺脫生活中的束縛感，自駕汽車去想去的地方，停與走完全按照你自己的意願。

E、文化之旅。

建議你選擇帶有文化氣息的旅遊地點，一邊遊玩放鬆心情，一邊增強學識，修身養性。

6

保養

——感受綠色的美容能量

第1節 現代女性每天會把一百七十五種化學成分用在身上

對化妝品的定義，各國都是不同的，一般來說，化妝品就是指以塗抹、噴灑或其他類似的方法，施於人體表面部位（皮膚、毛髮、指甲、口唇、口腔等）以達到清潔、消除不良氣味、改變外觀、增添魅力等護膚美容和修飾儀表目的的產品。從定義可以看出，人體對化妝品的要求是緩和、安全、無毒、無副作用。

皮膚健康專家表示，現代女性平均每人每天要用十二種不同的化妝品，這在無意之中給自己塗抹了一百七十五種不同的化學成分，而且，在洗浴用品中也存在著大量化學成分。而這些化學成分，可能會給身體健康帶來隱患。

以下幾種化妝品中的化學成分是最為常見，也是危害最大的：

(1)保溼霜、潤膚露。含有羥基苯甲酸酯（paraben）的成分，容易導致乳腺癌及皮炎。

(2)洗髮精。含有十二烷醇硫酸鈉和十二烷基硫酸鈉（sodium laureth sulPHate）等起泡成分，會刺激皮膚。

(3)洗手乳。含有甲醛，會使皮膚產生灼熱感，同時可能導致哮喘、頭痛。

儘管在皮膚專家的建議下，法律要求在化妝品的標籤上必須標明產品的成分。然而，專業的美容保健師認為，在品種繁多、品質參差不齊的化妝產品中，想要保護好自己還需要做到以下幾點：

首先，避免多種化妝品的同時使用。女性每天要做的基本護膚步驟只有：保溼、隔離、防曬。應該盡量把化妝品的種類減到最少。

其次，許多人常常以味道濃淡作為衡量化妝品理想與否的標準，實際上香料是為了滿足人們對化妝品氣味上的需求而使用的添加劑，香料成分越複雜，刺激越重，越容易引起皮膚的不良反應。有些化妝品中的香料還含有毒性物質，可使細胞發生突變而致癌。

再次，不要盲目去嘗試新的化妝品，一些傳統的產品反而更健康。

最後，盡可能選擇信譽良好的專業公司生產的名牌產品。對於化妝品來說，品牌還是很重要的。

把化妝品的不良影響降到最低

根據唯物論，任何事物只要存在就不可避免地會具備正反兩方面的影響，化妝品也同理。雖然合格的化妝品，只要嚴格按照說明書使用，不會對健康造成傷害。然而長期使用化妝品的女生們還是不能真正放心，她們總希望能為自己的美麗做點什麼。

做點什麼呢？專家為我們提出了一些選擇使用化妝品的建議，旨在把化妝品的不良因素降到最低：

- 避免濃妝。除了特殊需要，濃妝不會令人特別美麗，反而令人看起來怪異，且會抑制皮膚的正常「呼吸」。

- 化妝時間要有間歇，如不外出最好不要化妝，塗一點保養的護膚品就好了，讓皮膚有空休息。
- 對化妝品不要太專一。有的人習慣於一種名牌，幾年或十幾年如一日地使用。任何化妝品都有抑制某種物質的特性，長期使用一種化妝品時，某一些物質得到抑制，另外一些物質卻氾濫成災，對皮膚有弊無益。
- 卸妝要即時而徹底。有的太太為了取悅先生，晚上還特意重新上妝，這種做法是不妥當的，夜間皮膚得不到好好呼吸，勢必會加速老化。
- 品質優良的化妝品才是美麗伴侶，買化妝品時要瞪大雙眼，不僅要看外表，還要打開看看內容。要認真察看化妝品的監督標識和生產日期，避免假冒偽劣產品。

第2節 沒有化妝品的年代，老祖母為何膚如凝脂

美麗絕對是任何時代的女人共有的追求。皮膚是一個美女的底色，清新、通透，健康的肌膚，是每一個愛美女人的夢想。在還不曾出現化妝品的年代，我們的老祖母們為什麼照樣擁有著凝脂般的肌膚？讓我們在對鏡上妝的清晨，打開回憶之窗，追隨老祖母的足跡，一起開始我們的綠色健康之旅！

爽膚水、乳液、面霜、面膜……這一切對當年青春如花的老祖母們來說，都像是遙遠天堂裡的童話。她們不曾聽說過，也想像不出來。

沒有美容院，閨房便是她們的家中美容院，她們學會了利用蒸汽、牛奶、鮮花、醋、蜂蜜等天然物質來美容。很多年以後，當我們明白了那些讓我們美麗的化妝品同樣也會讓我們受傷時，更是深情地懷想著當初老祖母們的綠色健康美容法。

端一盆熱水，將頭低低地俯在盆上，讓水蒸汽一點點一絲絲地滲透進肌膚。一柱香的時間，那個抬起頭來的女子臉上就紅潤潤的，像是一輪光潔的滿月，這就是最初的蒸汽美容。

今天我們使用的蒸汽美容法，當然已經比老祖母們先進多了。我們知道了在蒸臉前得先潔面，以免污垢阻隔蒸汽滲透皮膚；潔面後要塗施水性滋潤霜，以免熱氣灼傷皮膚；這一切完成後再把頭髮包俐落，在臉盆中放入九十度以上的熱水，俯身閉目；臉與臉盆的距離要在十公分左

右，如感到氣悶，可抬頭用柔軟的毛巾輕輕吸乾臉上的水珠，休息一會兒再換熱水繼續薰蒸，如此反覆幾次，共需要十五分鐘左右；蒸面後即時用溫水沖洗，用涼水拍打面部，增加皮膚彈性，擦乾後塗些滋養性的營養面霜。

經常蒸面能夠減少或消除皮膚中的黑色素沉著，防治色斑，使皮膚柔滑、白嫩。另外，皮膚受熱氣薰蒸後，彈性增強，皺紋自然也就少了。

不過蒸面也不宜太頻繁，過猶不及，一定要嚴格按照程序進行，如果臉與臉盆相距太近的話，熱氣說不定會灼傷臉，太遠可能又達不到最好效果。一般油性皮膚每星期薰蒸一次，普通皮膚每十天薰蒸一次，乾性皮膚每半個月薰蒸一次即可。

還有一種被祖母們喜愛的美容佳品——食醋。據說慈禧太后就最愛食醋美容，後來傳到民間。食醋美容適合任何膚質，醋的主要成分是醋酸，它有很強的殺菌消炎作用，對皮膚能起到適當的保護作用。另外，醋裡面還含有豐富的鈣、氨基酸、維生素B、乳酸、葡萄酸、琥珀酸、糖分、甘油、醛類化合物以及一些鹽類，這些成分對皮膚都有好處。用加醋的水清洗皮膚，能夠起到醒膚喚膚、增強皮膚活力的作用。

甘油與食醋是好搭檔，皮膚粗糙者，可將醋與甘油以5：1的比例混合起來塗抹面部，堅持不懈，容顏就會變得細緻，還可以除皺。

我們的祖母們還知道有些植物可以讓她們的皮膚變得更美麗，比如說她們喜歡用檸檬汁來去角質、用玫瑰花瓣來沐浴等，其實這就是最早的精油美容法。

精油是植物的靈魂，一滴精油萃取自大量的花瓣。現代科技可以把植物的精華提煉為精油。

精油經過基底油稀釋調和後，輕輕塗於肌膚，用手按摩，精油具有超強的滲透性，能被皮膚很快吸收。精油不僅對皮膚有美容作用，同時還可以調理身心，令人神清氣爽，心安氣定。

總而言之，老祖母的美容方法完全取自天然，這不是最符合當今綠領的生活態度嗎？

《本草綱目》中的綠色美容法

中藥美容的方子目前已經知道的有幾百種。中醫強調的就是調理，而絕非立竿見影的速效。但是能夠在一個月內，解決我們的「面子」問題。

明朝醫學家李時珍在《本草綱目》中寫過：土瓜根可治「面黑面瘡」。因為它含有蛋白氨基酸、膽鹼澱粉等，可活血化瘀、改善皮膚的血液循環，對治療痘痘、消除面部黑點有奇效。《肘後方》記載：「土瓜根可治面上痱磊（痱子），令面上光潤，百日光華射人，夫妻不相識。」意思是，用土瓜根敷臉，可以治療痱子和痘痘，使皮膚變得光滑柔細，一百天後豔光四射，連夫妻都互相不認識了。

具體方法是：用蜂蜜、蛋清或淨水調和土瓜根粉，停放十五分鐘後敷面使用，待乾後用溫水洗掉即可（最好用淡鹽水清洗），隔一天用一次。如果臉上的痘瘡發炎暫時勿用，對雞蛋過敏的膚質可用蜂蜜或水調和使用。

第3節 與「綠領」契合的肌膚表情

黑眼圈、眼袋、皮膚粗糙、角質增多、膚色暗沉無光澤、毛孔粗大、過早出現衰老現象……會不會在每天照鏡子的時候，發現自己的肌膚狀態越來越糟？

如果是這樣，反省一下，你的生活方式是不是這樣的：經常吃速食、便當或者零食，喝飲料比喝水多，很少吃新鮮蔬果；長時間待在空氣不暢通的空調房裡；不愛曬太陽或者運動，甚至溫和緩慢的有氧運動都不做；作息不規律，有熬夜或酗酒吸菸的紀錄，身體處於亞健康狀態，免疫力低，時不時鬧點小毛病，心情不好，焦慮煩躁，有壓力，易疲乏……

這些都會影響到我們的肌膚狀態，現代人常常身不由己地「不眠不休」，一段「忘我」的時間下來，突然發現許多「過勞警告」都已寫在臉上了。為了自己的健康，讓我們來學習一下綠領的生活方式和理念，試著改變自己。

肌膚與綠領的生活態度之間，有著天然的契合。以「綠領」的態度面對工作和生活，人生會變得通透、靈動。以「綠領」的態度，解決肌膚的困擾，就會發現，遵循天然、清新美麗，是一件並不複雜的功課。

琪琪是大家公認的美女，雖然已年過三十，卻不知有何減齡大法，看起來像二十多歲的模樣，皮膚白皙水嫩，身材婀娜有致。有人問她是不是常用高級護膚品，出人意料的是，她竟不知這些某些著名品牌為何物，平時也從不進美容院。不過，琪琪也有自己的一套「綠色美容祕笈」。早晨起床後空腹喝一杯白開水，既能快速補充水分，還能清洗腸胃，排毒養顏，皮膚問題自然少。早餐注意營養搭配，一小杯牛奶、一小塊燕麥餅、一片火腿，再加一點水果，吃得簡單而又精緻。在公司，吃完香蕉就用香蕉皮內面在手上蹭來蹭去，連指尖和指甲也仔仔細細塗抹過。過一會兒用水沖掉，手的皮膚立刻白嫩了許多。類似的「美容經」琪琪還有很多：吃葡萄時，把吐掉的葡萄皮翻過來擦手，可以使雙手保持嬌嫩柔軟；吃西瓜時，用吃剩的西瓜皮擦臉，可以使皮膚美白且有光澤；喝茶時，將喝剩的茶葉用紗布包起來放到冰箱中，早晨起來用這種自製的冰茶包敷眼，可以去除黑眼圈，消除眼部腫脹……這位「綠領」麗人，竟有一大套不用花錢的美容之道！

很多富含維生素的新鮮瓜果和蔬菜，不但可以吃出美麗，還可以用來DIY護膚產品，能夠養顏美膚。健康的生活方式加上天然的護膚方法，讓綠領的肌膚表情神采飛揚，美麗生動。

大海中的美麗資源

大海中天然的海洋酸有助於清除角質，活化細胞，可以使問題叢生的沙礫膚質帶來美膚奇蹟。

● 海藻、海帶類植物含有豐富的礦物鹽分、滋養微量元素和活性成分，可以有效地促進皮膚的新陳代謝和細胞的更新，去污、去角質的能力超強，還可以增加皮膚的溼度，改善皮膚的彈性，讓疲倦的肌膚徹底放鬆。

●沉積在海底的海泥也具有美容功效，海泥的強吸附能力可以促進血液循環以及徹底淨化毛孔，其礦物精華尤其適用於乾燥、敏感和受損的皮膚，增進皮膚的再生能力，增強緊緻度，令肌膚獲得充分營養，細緻柔潤。

●在海草中，可以萃取出一種有機物質，能夠迅速滲入皮膚，幫助細胞再生，恢復皮膚的彈性，延緩肌膚老化。海草還能夠幫助肌膚形成一層隔離膜以抵禦外部環境的侵蝕，其成分純天然，即使是易過敏體質也可以放心使用。

第4節 水：生命之源，美麗之源

關於女人和水的關係，有一句話特別著名，就是《紅樓夢》裡的那句：女人是水做的。水是生命之源，生命中最不可缺少的物質就是水，女人想要擁有靚麗容顏，尤其不能缺水！水和女人一樣，看起來柔弱卻用持久的力量改變著生命的狀態。很多美容師、護膚專家乃至化妝師，都極力推崇水的美容效果，可見水對身體健康和皮膚狀態是多麼重要。還有什麼是比水美容更天然更健康的美容方式呢？

我們身體的組成部分有70％都是水，水可令肌膚保持彈性和緊緻。當身體缺水時，表皮會呈乾裂鱗片狀，看起來乾燥而且容易生皺紋，黑眼圈也特別明顯，只有充分地補水保溼才能令肌膚保持水噹噹的潤澤狀態。

為自己制訂一個由內而外的保溼計畫，讓我們的肌膚每天都喝飽水，就能成為一個名副其實的水美人。

早晨是肌膚處於極度缺水狀態的時段，所以早上起床以後，應該空腹喝一杯三百毫升左右的溫開水。不要小看這杯水，它可以讓你的肌體循環系統充分活躍起來。如果你覺得溫開水太過平淡無味，可以在水裡面加一點檸檬汁或者選用紅棗水，清理腸胃的效果更好。

早上清潔臉部一定要選用接近體溫的水，以免肌膚更乾燥緊繃。洗完臉以後，可以用冷水代替平常使用的爽膚水輕輕拍打臉部的肌膚，不要覺得麻煩，拍打肌膚是為了讓肌膚增加對外部環境的抵禦能力。等肌膚微微泛紅的時候，使用乳液和營養霜來滋潤。

上午到了公司，皮膚的水分會蒸發得很快。至少需要給身體補充三百毫升的水。另外，強烈建議在隨身包裡面放一瓶小巧的保溼噴霧，如果在空調屋內經常感到面部皮膚緊繃，可以每隔一個小時輕輕往臉上噴一些緩解皮膚的乾燥感。

上午十點半，工作了一段時間後休息一下，這個時間段可以吃一些水果，蘋果和奇異果都是不錯的選擇，它們能夠給肌膚提供維持白皙、健康與彈性的多種維生素和微量元素。

午餐後是全天最乾燥的時候。這時喝一杯綠茶，既能醒神又能補水。但是最好不要喝能使面部生斑點或膚色變暗沉的可樂、咖啡等有色飲料。下午兩點喝一大杯溫開水補充體內的水分。最後在下班前喝一大杯溫開水再回家，保證在路上流失的水分少於你獲得的水分。

下班回家後，第一件事是卸妝，用溫水徹底清潔面部肌膚。洗完臉後，一定要用滋潤乳液充分滋潤肌膚。在晚飯前喝一大杯溫開水，讓胃有一點飽的感覺，還可以避免晚飯吃得太多而發胖。

晚上八點至九點是肌膚狀態的相對平衡期，好好享受一下，來一個美人浴，放鬆一下緊張了一天的身心。很多明星都很講究沐浴的水溫，洗澡水的溫度過高會使肌膚鬆弛乾燥。一般夏天沐浴的水溫在三十八度左右為好，冬天宜選四十度左右。這樣的水溫具有穩定情緒和催眠的作用。洗完澡後別忘了將保溼霜塗滿全身，滋養身體的皮膚，之後可以再做個補水保溼面膜。

晚上十點半，美美地睡個美容覺吧！如此堅持下去，就會發現你的肌膚水水的，皮膚水亮了自然魅力升級，成了眾人羨慕不已的水女人。

空調房間的保溼祕訣

- 在冷氣房內，如果沒有空氣加溼器，隨時記得在電腦邊放一杯水，能夠有效補充室內水分。
- 長時間面對電腦要準備一瓶噴霧水！但是要記得，在噴霧之前，先用吸油面紙把臉上的油脂吸乾淨。
- 盡可能用吸管喝水！不但不會弄花嘴唇上的唇膏，還可避免形成嘴角皺紋。
- 在水中加點新鮮的橙汁、番茄汁、奇異果汁、檸檬汁等，有助於臉上的色斑變淡，保持皮膚張力，增強皮膚對不良環境的抵抗力。
- 補水要未雨綢繆，不要等口渴時才想起喝水。那時皮膚早已經「大旱」，呈缺水狀態了。

第5節 果蔬美容，「果」然美麗

果蔬美容是一種汲取植物之精華的古老美容術，也是一種天然美容術。

皮膚是健康的鏡子，身心健康自然皮膚漂亮。真正的美容不僅僅只是護理外表，重在養內。內在氣血調和、肝臟康泰，才能達到外表充盈，青春常駐的效果。健康的美，才是真正的美。這種高層次的整體美容理念符合人們崇尚自然返璞歸真的時尚潮流。

蔬菜、水果不但色澤美麗、味道香甜，給人們美好的口舌享受，而且具有很好的護膚潤顏作用。利用一些日常生活中常見的果蔬就能調整生理功能，穩定情緒、放鬆精神，使身心保持良好的狀態，身體健康，皮膚自然就變美了。

在古希臘、阿拉伯、中國古代均有很多關於果蔬美容的記載。中國歷史上唯一的女皇帝——武則天，不僅頗有雄才大略，而且天生麗質，嫵媚嬌柔。她雖貴為萬人之尊，但與任何一個普通的女人一樣追求靚麗，希冀青春常駐。根據史料記載，武則天經常用黃瓜汁沐浴，每天早晨必喝一杯純果汁，《新唐書》稱讚她「雖春秋高，擅自塗澤，雖左右不悟其衰」。

而今，由於果蔬美容綠色健康的特點，頗受綠領族的喜愛。

果蔬美容的神奇功效源自於它們含有的營養成分。大多數果蔬中都富含人體皮膚所需的維生素、礦物質、膳食纖維和不飽和脂肪酸，還有一種人體皮膚內表層易於吸收的褪色素。

維生素不僅是維持生命的必要營養素，而且是保證皮膚美麗的重要物質；礦物質是血液的淨化劑，很多果蔬中都含有豐富的鈣、磷、鎂、鉀等礦物質；纖維素更是美容保健的精妙所在，一般果蔬中的纖維素含量都比較高；不飽和脂肪酸是毛髮、肌膚的理想美容品，身體如果攝取了充足的不飽和脂肪酸，頭髮就會烏黑亮麗，皮膚會潤澤光滑、富有彈性。

除了用果蔬敷面以外，喝果汁也益處多多。超市裡賣的果汁多含有防腐劑，不如在家中榨汁，同時還可以自己嘗試多種蔬果的搭配，享受DIY的樂趣。

聞著水果的淡淡清香，享受天然果蔬敷臉的完全「綠色」感覺，喝一杯純淨果蔬汁，吃一塊美味果蔬餅。這樣「由內而外」的護膚體驗，是不是超爽？

果蔬美容要謹防過敏

果蔬美容的方法太多，如果一一說來的話，一本書也講不完，有心的話大家可以在美容網站或者書籍上搜集一些。我們這裡要強調一下果蔬美容的注意事項，這往往是最容易被忽略的問題。

果蔬美容的方法通常有兩種：一種是將果汁塗抹於面部或用於幫助面部清潔；一種是藉助面膜紙將果蔬汁敷在臉上做果蔬面膜。

一些果蔬汁中含有光敏性物質，塗抹後將會引起皮膚過敏。臉上會長出一粒粒紅色小疙瘩，美容不成反而「毀容」。敏感膚質的人，或有哮喘等過敏性疾病的人，最好不要使用芒果、桃子、蘆薈、檸檬等易導致過敏的果汁直接塗抹皮膚，並且在選用果蔬護膚前，最好先在耳後先做一下測試，並且宜在晚上進行，避免光照。

第6節 自製蜂蜜唇膏，擁有甜美水潤的雙唇

曾經有人做過一次有趣的問卷，如果要求女人只帶一件化妝品外出，90%的女人會選擇「唇膏」，可見女人對「嘴唇」的重視。

擁有性感潤澤的雙唇，是每個女人夢寐以求的事。由於唇部皮膚沒有角質層，就相當於處在毫不設防的狀態，唇紋、乾裂、脫皮的現象常常出現。天氣乾燥時空氣中的溼度下降，嘴唇也會最先失去水分。那麼，我們如何保護完美嬌唇呢？從一些小的生活細節入手，就可以給嘴唇最佳的保護。

除了買唇部護理用品，自己在家中也可以自製成分更加天然的潤唇膏。蜂蜜特有的甜蜜味道及柔軟肌膚的特性，相當適合用來滋潤嘴唇。蜂蜜做成的護唇膏，除了油脂能夠帶給嘴唇潤澤度之外，還多了一份含水的感覺，效果堪比名牌化妝品。這是因為蜂蜜本身是一種水溶性的保溼劑，能夠將唇部肌膚的水分鎖住，使嘴唇柔軟細緻，並帶有自然光澤。

自製的蜂蜜唇膏有甜甜的味道，在存放時要特別注意密封，免得給家中引來一群群螞蟻。而且建議晚上睡前不要過度使用，以免弄髒枕頭。

自製蜂蜜唇膏，要準備的材料有：蜂蠟1茶匙；蜂蜜6茶匙；天然植物油2茶匙；簡易乳化劑約四分之一茶匙。

先將植物油與蜂蜜及蜂蠟混合之後，放在小碗中，放進微波爐或鍋中隔水加熱1～2分鐘，直到蜂蠟溶解。然後趁熱倒入面霜罐中，再加上簡易乳化劑用力搖晃均勻，待涼凝固即大功告成。

如果找不到蜂蠟，可以用凡士林（礦物蠟）代替。凡士林也有保溼作用，質地黏稠，看起來有點像奶油。由於缺少蜂蠟，潤唇膏無法凝固，所以準備一個量杯，4克凡士林，2毫升橄欖油，2克蜂蜜，攪拌均勻，倒進眼霜盒子，不必加熱，直接放進冰箱冷凍室，三十分鐘後取出，液體就會凝結成奶油布丁狀了，顏色像蛋黃，看起來會很可愛。用棉花棒蘸著塗在嘴唇上，甜甜潤潤的。

這款自製唇膏可以保存約兩年。但要注意置於陰涼處，避免陽光直射。

如果只是短暫使用，也可以用蜂蜜和維生素E製作唇膏。

具體方法是，準備一茶匙蜂蜜、幾粒維他命E膠囊，用針刺破膠囊，將維他命E溶液擠進蜂蜜裡。將混合物攪拌成淡黃色糨糊狀，睡覺前用棉花棒輕輕塗抹在嘴唇上即可。

護唇小祕方

- 唇膏要選擇成分簡單的。潤唇膏種類很多，有不同的味道、質地和功效，只需含有甘油等基礎滋潤成分，就能對嘴唇起到很好的保護作用。
- 使用唇膏的次數不宜太多。一般一天不要超過三次，嘴唇特別乾的時候，可以在吃飯或喝水後立即塗上潤唇膏。

- 不要用舌頭舔唇來緩解乾燥狀況。舔唇只能讓嘴唇保持暫時的溼潤，因為唾液中含有澱粉酶，水分蒸發後留在嘴唇上會加重乾燥，導致越舔越乾，甚至乾裂。
- 不要吃過辣的刺激性食物。辛辣的食物會刺激嘴唇皮膚。一些食物上面的辣椒粉還會強烈地刺激唇部黏膜，甚至起水泡。
- 嘴唇起皮不能撕。嘴唇若乾燥起皮，千萬別用手撕脫皮，以免受傷。可先用熱毛巾敷五分鐘，然後用柔軟的刷子刷掉死皮，再塗上滋潤保溼的護唇膏。

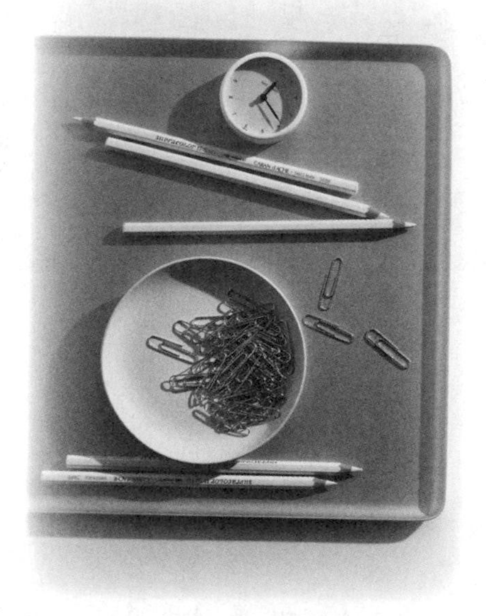

第7節 奶香彌漫，讓你Baby般嫩白

牛奶的美容功效很早就已經被古人知曉。牛奶浴最初是在皇室貴族中開始的。據說埃及豔后保持肌膚冰潔玉潤的祕訣就是洗「牛奶浴」。古埃及人和美索不達米亞人對美容最有研究，遇到皮膚敏感的情況，他們就會用牛奶來緩解皮膚的不適感。

從營養學的角度來看，牛奶也是誰都不能否認的美容佳品。眾所周知，喝牛奶也是通往「膚如凝脂」這一最高境界的捷徑，而用牛奶自製面膜，也是女生的居家美容法寶哦！

將牛奶倒入注滿溫水的浴池裡，不用浴液，直接進池沐浴或是把刷子、海綿在牛奶中完全浸溼擦拭身體，然後用清水沖洗乾淨，就是一場完美的牛奶浴了。牛奶中對皮膚有美容效果的成分主要是酵素，它的極微細的脂肪球附在皮膚表層，就如同全身塗滿營養霜一樣，皮膚會受到滋養而逐漸顯出光華，同時也可以促進皮膚表面角質的分解。

牛奶還對治療曬傷療效顯著。肌膚若出現因過度日曬而發生紅腫，可用牛奶來進行護理。將化妝棉在冷牛奶中浸溼，敷在被曬的部位，等牛奶乾後再擦拭乾淨，如此反覆幾次，最後用清水洗淨，能夠消炎、消腫，立即舒緩止痛。

牛奶還是天然的眼藥，可以消除眼睛的充血現象，恢復視力。方法是將紗布剪成比眼眶略大的方塊，浸在牛奶中讓其完全溼透，覆蓋在眼睛上，幾分鐘即可。若早晨起床發現眼皮浮腫，可

用適量牛奶和醋加開水調勻，然後塗抹在眼皮上反覆輕按3～5分鐘，再用熱毛巾敷片刻即可消腫。

把牛奶和其他一些美容物質組合，靚顏效果更加出眾。在空碗裡倒入兩匙優酪乳、半湯匙蜂蜜和檸檬汁，加幾滴維生素E溶液，調和拌勻，厚厚地塗抹在臉上，十五分鐘後用溫水洗淨。長期堅持，看看鏡子裡的自己，是不是有日「新」月「異」的感覺？早晚潔面後，用含有活性乳酸菌的優酪乳輕輕按摩臉，也可以深入肌膚，徹底清除毛孔的污垢。

牛奶與麵粉組合是非常高效的面膜，特別適合乾性肌膚，豐富的乳脂能有效改變皮膚乾燥的現象。如果油性肌膚也想使用這款面膜，就需要選擇脫脂乳。去脂的牛奶麵粉面膜同樣能夠極好地改善膚質。

牛奶和鹽，是粗糙的肌膚的剋星，並能幫你擺脫皮屑的困擾，只留下光滑緊緻。製作方法是先在一個小罐子裡融化一杯食鹽，倒入已經放好溫熱水的浴缸裡，再倒進四杯脫脂奶粉。在這個特製的洗澡水中浸泡二十分鐘之後，再進行日常的洗浴程序。一週進行一次，便可以告別皮屑。

肌膚最嚴重的問題，痤瘡、雀斑、黑頭、面皰等，遇到牛奶也不能再猖獗——只需每天使用十分鐘的牛奶燕麥面膜。將兩匙的燕麥與半杯牛奶調和置於小火上煮，趁著溫熱的時候塗抹在臉上，就大功告成。不過這個面膜最重要的一點是要堅持，要看到明顯的效果，至少要堅持十天以上。

從嬰兒呱呱墜地開始，人一生中的每個時段都在與牛奶打交道。愛上牛奶吧！它真的會帶來Baby般嫩白的肌膚。

牛奶水果敷面小驗方

- 牛奶草莓面膜：將50克草莓搗碎，用紗布過濾，將汁液與1杯鮮牛奶調和，拌勻後把草莓奶液塗在臉上及脖子上，並加以按摩，十五分鐘後清洗。能滋潤、清潔皮膚，具有溫和的收斂作用，還有防皺功效。
- 牛奶香蕉面膜：把半隻香蕉搗爛成泥，摻入適量牛奶調成糊狀，敷在臉上，保持15～20分鐘後用清水洗乾淨，可使皮膚清爽滑潤，淡化雀斑。
- 優酪乳蜂蜜檸檬面膜：蜂蜜50克，優酪乳100克，檸檬汁數滴，再加5粒維生素E調勻，敷面保留十五分鐘後洗淨。能使皮膚表皮上的死細胞脫落並促進新細胞生長，達到醒膚目的。

第8節 蛋清：快速打敗粗大毛孔

蛋清有緊膚、收斂、消炎的作用，可以用來收縮惱人的毛孔，蛋清面膜簡單易做而且天然無副作用，惟一的缺點是味道不好聞，有點淡淡的腥味。不過為了美麗，也完全可以忍受吧？

蛋清收縮毛孔面膜製作起來很方便，需要的材料是半茶匙粗鹽，一個蛋清，三大匙麵粉，清水適量。

將粗鹽、蛋清、麵粉一同放到面膜碗中，加入清水攪拌至粗鹽完全溶解，使之呈糊狀。如果沒有蛋黃分離器，取蛋清時只需在蛋殼上敲個小孔，讓蛋清慢慢流出即可。徹底地做好潔面工作後，將做好的面膜敷在臉上，注意避開眼部及唇部四周；大約10～15分鐘後，用清水洗乾淨。

如果面膜一次用不完，可把剩下的裝在密封玻璃器皿中，放到冰箱裡冷藏，約可保存一週。

麵粉在面膜中所起到的作用是，能夠收緊肌膚，使肌膚緊實、平整，不易產生皺紋；蛋清和粗鹽搭配使用，能夠去掉肌膚表面的死皮，使肌膚更加通透潤澤。注意敷臉後一定要清洗乾淨，以免面膜殘留使皮膚發生感染或過敏。

如果把其中的麵粉換成珍珠粉，除了收縮毛孔，還可以美白。珍珠粉蛋清面膜是鎮定、收斂型的面膜，主要治療毛孔粗大。由於珍珠粉有良好的控油效果，蛋清又有很好的收斂效果，所以二者是完美組合，對付「大油田」、大毛孔，效果很棒。特別適合用於油性肌膚。

檸檬汁也可以加盟，將蛋清放入容器內攪拌起白色泡沫後，加入幾滴新鮮檸檬汁，適量珍珠粉，調勻塗於面部即可，盡量塗厚一些，效果會更好。

蛋清敷臉最長不能超過十五分鐘。不需要太長時間的原因是，因為蛋白會大量吸取水分，敷的時間越長皮膚的水分流失得會越多。正確的方法是應該在蛋白還沒有完全乾透前將其清洗乾淨，這樣就能在達到收緊肌膚功效的同時，不會造成皮膚水分的流失。

蛋黃也有用

- 準備一個雞蛋黃，加入五滴維生素E，混合調勻敷面，二十分鐘後用清水沖洗乾淨，可抗衰防老，祛除皺紋，尤其適合乾性皮膚。
- 在半個雞蛋黃中加入五滴橄欖油，調勻後塗於面、頸部，二十分鐘後用清水沖洗乾淨，可使皮膚細潤柔滑，同樣適於中性皮膚。
- 半個雞蛋黃中加一小匙奶粉和蜜蜂，調成糊狀，晚上睡前塗於面部，三十分鐘後洗淨，可使面部皮膚潤澤，減輕皺紋。

第9節 茶：清香養顏，喚醒肌膚

茶和女人自古就有解不開的緣。古人說「五碗肌膚清」，能讓肌膚清透的佳品，女人怎麼會不愛呢？

據營養專家介紹，茶葉是天然的健康飲料，茶葉中的很多成分具有美容效果，經常喝茶或者用茶葉美容，有助於保持皮膚光潔白嫩，推遲面部皺紋的出現或減少皺紋。

用茶葉美容，完全可以從頭美到腳。茶葉中含有百分之十的茶皂素，茶皂素的洗滌效果很好。所以茶葉可以用來護髮美髮，洗完頭後把茶湯塗在頭髮上，輕輕按摩一分鐘後洗淨。能夠防治脫髮，去除頭皮屑，還可令頭髮更加柔順光亮。

晚上洗完臉後，泡一杯茶，把茶水塗到臉上、輕輕拍打，或者把蘸了茶湯的化妝棉敷在臉上，十分鐘後再用清水洗淨，能夠去除色斑、美白皮膚。

飲茶後把喝剩下的茶葉從杯中取出擠乾，放到縫好的紗布袋裡，做成一個小茶袋。閉上眼睛，把茶袋放到眼皮上保持10～15分鐘。能夠有效緩解眼睛疲勞，淡化黑眼圈。

把麵粉一匙和蛋黃一個拌勻後加一匙綠茶粉，均勻地抹在洗乾淨的臉上，二十分鐘後洗掉，膚色會顯得滋潤好看。還可把茶湯一匙和麵粉一匙調勻，做成面膜敷臉，能夠去除油脂，消除粉刺和痘痘。這兩種面膜每天塗敷一次，一個月後就能明顯看到皮膚變得滋潤白皙。

茶葉的減肥效果是公認的，很多西方人都對茶葉減肥法趨之若鶩。把綠茶粉放到浴盆裡，配合全身按摩，能夠祛除皮膚角質，使皮膚柔軟光滑，還可促進排汗，具有減肥的效果。或者把茶葉裝到小布袋裡，放到浴缸裡泡浴，也有減肥的功效。

用茶湯泡腳，能夠治療皮膚病，還能使身上帶有淡淡茶葉清香。

茶葉除了具有這些外用的美容功效，當然最主要還是用來喝的。茶葉被稱之為天然保健飲料，具有抗衰、延緩衰老作用。細細地品味茶的色香味，在茶的氤氳熱氣中尋找內心的安定、回復眼神的清亮，再把喝剩的茶湯和茶葉利用起來，做成美膚的原料，你的皮膚想不靚都難。如此「綠色」的茶葉美容法，如果能夠每日堅持，一定會使肌膚散發健康光彩，青春由此定格！

美容香體的玫瑰花茶

好喝又好看的玫瑰花茶，是很多女性養顏美容的首選飲品，是很好的藥食同源的飲料，女性平時常用它來泡水喝，對身體有很多好處。

中醫認為，玫瑰花味甘微苦、性溫，最明顯的功效就是理氣解鬱、活血散瘀和調經止痛。女性的氣血運行正常，自然就會面色紅潤、身體健康。多喝玫瑰花茶，女性就不會在生理期臉色黯淡。甚至經痛等症狀，都可以得到一定的緩解。

泡玫瑰花茶的時候，可以根據個人的口味，加一點冰糖或蜂蜜，以減少玫瑰花瓣的澀味。沖好的茶宜熱飲，玫瑰花的香味沁人心脾，長期飲用會讓你的身體也散發出淡淡的體香，是一款非常迷人的飲品。

第10節 幾個小祕方讓笑容更燦爛

「明眸皓齒」從古至今都是形容美女的詞語，有句話叫做「貌美牙為先，齒白七分俏」，甜美、燦爛的笑容讓女人具有別樣的魅力，和曼妙身材一樣重要。如果能夠擁有一口潔白如玉的牙齒，當然會令笑容更加燦爛。甚至還有人說，牙齒除了傳遞美的資訊，還傳遞著性資訊，是人體一個重要的性符號，比身材更有說服力。

牙齒對我們的健康和美麗是如此重要，可惜的是不是每個人的牙齒都能非常完美，有什麼好辦法能使牙齒變白嗎？

家裡的食醋就可以美白牙齒，陳醋、白醋都可以，含在嘴裡一分鐘到三分鐘，然後吐掉，用牙膏刷牙，效果非常好！但是就是牙齒會覺得非常酸、麻，這種感覺大約會持續兩分鐘左右。所以這個方法不能頻繁地用，大約兩個月左右做一次就足夠了，否則對牙齒不好。這個方法還可以除口臭，一般來說是用來救急的，比如出門前、約會前，發現牙齒黃，口氣不清新。

吃過桔子後，把桔子皮曬乾磨成粉末，與牙膏混在一起刷牙，可以使牙齒速效增白。

酵母粉也有美白牙齒的效果，刷牙時在牙刷上蘸點酵母粉可以幫助牙齒變白。如果不嫌麻煩，刷完牙後，用檸檬汁擦拭每顆牙齒，效果絕對超好。

墨斗魚，也就是我們常說的烏賊，身體裡有塊白色的大骨頭，用指甲刮一刮，能刮出來很多白色粉末，把這些粉末當牙膏用，能使牙齒變白，效果立竿見影。

有些蔬菜對牙齒也有美白或者強健效果，比如芹菜。芹菜中的纖維粗得就像一把掃把，能夠掃掉牙齒上的部分食物殘渣，平衡口腔的酸鹼值，可以清新口氣，達到自然的抗菌效果。

把生花生米嚼碎，不要嚥下去，用花生屑當牙膏刷牙，也可以讓牙齒變白。

口腔如果長期處於酸性環境，有利於細菌活動，會造成蛀牙。鈣可以平衡口中的酸鹼值，經常食用含鈣豐富的食品能增加齒面鈣質，有助於強化及重建琺瑯質，使牙齒更加健康堅固。

一口好牙離不開氟。綠茶中含有大量的氟，是很多牙膏的原料。氟和牙齒中的磷灰石結合，具有抗酸效果，能夠消滅導致蛀牙的變形鏈球菌，同時也能夠清新口氣，所以多喝綠茶可以美白牙齒。

洋蔥裡的硫化合物是強而有力的抗菌成分，香菇中含有的香菇多醣體，能夠減少牙菌斑。多吃這兩種蔬菜，牙齒會顯得潔淨。

如果體內缺乏維生素C，就可能出現牙周疾病，所以平時應該多吃富含維生素C的護齒食物。橘子、檸檬都含有豐富的維生素C，是不容忽視的護齒食物，必要時還可以口服維生素C片劑補充。

除了在飲食上多加注意，我們每天都要使用的牙膏，當然也對護齒非常重要。不要長期使用同一款牙膏，品牌和種類最好每月一換。例如，長期使用消炎類牙膏，不但會令口腔中的致病菌提高抗藥性，還會把有益的細菌一起殺掉。買牙膏也盡量不要買大包裝，最好選一個月用量的，因為牙膏使用時間越久，接觸細菌的機會就越高。刷牙前，把牙刷擠上牙膏後，在三十五度左右的溫水裡浸泡三分鐘，可以使刷毛變得柔軟而有彈性，減少牙刷對牙齒的摩擦損傷及對牙齦的傷害。而且牙膏中的成分經水浸泡後，溶解度增加，功效也會大大提高。

口腔專家指出，菸酒會腐蝕牙齒，在牙齒表面沉積大量的牙菌斑、黑色素和牙石。菸酒還很容易導致牙周疾病，建議人們，尤其是吸菸嗜酒者每半年到一年洗一次牙。

在喝碳酸飲料的時候，很多人習慣大口豪飲，結果口腔變成了一個裝滿飲料的池子，牙齒被完全浸泡其中，很容易患蛀牙。不單是甜飲，看來不甜的蘇打水和運動飲料，對牙齒的損害程度也非常大，分別是可樂的三倍和十一倍。所以專家提倡用吸管喝飲料，可以限制飲料與牙齒的接觸面積。

為了牙齒，我們可以做很多很多，保護好這三十二個「兄弟」，讓笑容如花綻放，健康就會與美麗如影如隨。

健齒的禁忌

- 誰都知道吸菸有害健康，對牙齒來說也不是好事情。香菸含有的尼古丁會降低口腔內組織的康復能力，削弱身體抵抗力，引起牙周疾病。
- 經常挑戰過硬的食物，如骨頭、硬殼堅果等，會增加牙齒崩裂的可能性。牙齒看起來無堅不摧，其實可能已經有了細微的裂紋。專業術語稱為「牙齒隱裂症」。所以吃堅果的時候，最好準備一把專用的小鉗子，不必親自動用牙齒。
- 經常喝高酸性飲品，如汽水、優酪乳、紅酒等，會使牙齒外層的琺瑯質受到酸素侵蝕，令象牙質外露，牙齒會變得敏感刺痛。

● 補過牙的人不要經常嚼口香糖。口香糖會損壞用於補牙的物質，使其中的汞合金釋放出來，危害大腦、中樞神經和腎臟，嚴重時還可導致死亡。

第11節 眉如墨畫的風情，來自天然生眉法

一張完美的臉，睫毛要翹、皮膚要好、嘴唇要潤……還有什麼被我們忽略了？沒錯，就是看似可有可無的眉毛。我們可不要低估了眉毛在臉上的地位，缺了眉毛的點綴，再有神的眼睛也會變得黯然失色。

如果眉毛生得不夠濃密，可以試試這個方法，每天晚上在眉毛上塗一些橄欖油並稍加按摩。這個方法會使眉毛變得濃密，堅持幾週後就會看到效果。

還有一個方法可以拯救稀稀落落的眉毛：每天用軟刷子蘸隔夜茶刷眉，日子久了，眉毛就會變得濃密光亮。

除了美觀，眉毛還反應了身體的健康狀況，如果眉毛過於稀少，或者脫落、枯黃、變白，都會使人看起來不年輕或不健康。

中醫探索和總結了許多防治眉毛脫落、養眉烏眉的方法，至今仍然具有重要的參考價值。

黑芝麻油方：把黑芝麻60克，放進50毫升黑芝麻油中浸泡，堅持每晚睡前塗眉。黑芝麻子、油都有促進毛髮生長和營養毛髮的作用，長期使用可使眉毛烏黑有光澤。

補腎養眉方：鹿角膠，酒化或加水燉化，每日早晨服3克，服用半年以上。可治療腎陽不足，精血虛損所引起的眉毛稀少及枯黃細軟。

烏眉生眉方：鐵粉附子、蓮草、沒石子、蔓荊子各60克，蜀羊泉90克，研末為散，以生油5升浸泡，慢火煎熬，去渣。每日塗眉一次，治療血虛無眉毛生長。

鮮薑生眉方：鮮生薑適量，切片塗擦眉毛，可治療眉毛稀少，長久不生。

松葉膏：松葉、防風、韮根、蔓荊子、白芷、辛夷、川芎、桑寄生、沉香、藿香、升麻、零陵香各15克，上藥研末，加水煎熬，濾渣取汁備用。每日塗眉三次，治療眉部皮膚痛癢，眉毛稀少脫落。

養血祛風生眉方：蔓荊子、白芷、附子、防風、黃芩、細辛、當歸、川椒、大黃、辛夷等30克，研細末，加豬脂1000克，以小火同煎，待白芷色黃後，去渣，放入瓷缸內，冷卻備用。每日塗眉三次，治療眉毛稀少，眉毛灰白。

除了外用和食補，此外，經常按摩也對眉毛有很好的美容效果。將雙手食指置於兩眉中間的印堂穴上，緩緩向兩側眉頭推去，如此反覆按摩十多次；或用中指腹分別在眉間的印堂穴、眉頭的攢竹穴、眉中央的魚腰穴、眉梢的絲竹空和太陽穴，輕柔和緩地揉動，也是反覆十幾次。持之以恆可以就達到養眉、烏眉和生眉的效果。

損害眉毛就是損害健康

有的女性為求柳眉彎彎，常用力拔去許多「不稱心」的雜亂眉毛。更有甚者，將整個眉毛拔得精光，再煞費苦心地紋眉繡眉，其實這些做法十分損害健康。

眉毛並非無用之物，一對眉毛能夠對眼睛起保護作用。眼睛若無眉毛遮擋，汗水和雨水等就會直流進眼睛，刺激眼角膜和結膜，引起角膜炎或結膜炎，甚至可導致角膜潰瘍。

由於眉毛周圍神經血管比較豐富，如果經常用力拔眉毛，不但令眼皮肌膚變得鬆弛，還會對神經血管產生不良刺激，使面部肌肉運動失調，從而出現疼痛、視物模糊或複視等症狀，還可能會引發皮炎或毛囊炎。

第12節 古為今用的民間綠色護髮寶典

如果想讓頭髮健康強韌，看起來有光澤，就不能缺乏蛋白質。護髮專家告訴我們，含有40％到50％蛋白質的洗髮水可以促進頭髮的彈性和光澤，並能修護乾燥受損的髮質。但是市售的洗髮水由於功能複雜，未必能達到這個標準，如果自己製作天然洗髮水，就可以提高洗髮水中蛋白質的含量。

製作這些天然洗髮水所用的原料，都是日常生活中常見的東西，是取之天然，用之天然的綠色護髮方法。只是記住洗完頭之後，要用清水把頭髮沖洗乾淨。

啤酒護髮法；啤酒具有美容護髮的功效。把一小杯啤酒倒進小平底鍋裡，用中火加熱至沸騰，直到啤酒量濃縮到原來的四分之一。然後倒進普通洗髮水中，攪拌均勻即可使用。啤酒能改善髮質，加強頭髮光澤。

如果嫌這個方法麻煩，可以直接用啤酒洗頭髮。先用啤酒將頭髮弄溼，輕輕地按摩頭皮，15～30分鐘後用溫水沖洗，最後再用普通洗髮精洗一遍。洗後會感到特別舒適，頭髮的光澤度、柔軟性、順滑度都超級好。

橄欖油護髮法：將二分之一杯水、四分之一杯橄欖油和一杯溫和的洗髮水，混合攪拌成糊狀，倒進乾淨的瓶子中隨用隨取。橄欖油能滋潤乾性髮質，增強髮絲的韌性。還可以加入幾滴香水，讓頭髮散發出迷人的味道。

雞蛋護髮法：用分離器把雞蛋的蛋黃和蛋清分開，把蛋清打到起泡沫，然後加入約兩次用量的普通洗髮水攪拌均勻，倒在頭髮上按摩五分鐘後洗掉；再用剩下的蛋黃繼續按摩頭皮和頭髮五分鐘後，然後用溫水完全沖洗乾淨。

淘米水護髮法：用淘米水洗頭髮是傣族女性保養頭髮的一個傳統祕方。長期用淘米水洗頭髮，頭髮不容易變白，因為淘米水中含有非常豐富的維生素B群，能夠幫助頭髮的色素細胞生成黑色素，所以具有烏髮效果。如果在淘米水離滴上幾滴醋，對頭髮的光澤度也很有好處，洗出來的頭髮烏黑發亮。

蘆薈護髮法：用榨汁機將新鮮蘆薈打成漿液塗在溼髮上，用熱毛巾包裹3～5分鐘，然後用清水沖洗。也可以將幾滴蘆薈液加入洗髮水及護髮素中使用。蘆薈具高度保溼效果，能夠為乾燥髮質補充大量水分和營養，還能促進頭皮新陳代謝，令頭髮健康柔順。

番茄護髮法：經常燙染頭髮，或者經常在含有消毒液的游泳池游泳，髮色會變得枯黃暗沉。番茄可以解決這個問題。將番茄用榨汁機打成糊狀或者搗爛，加少量麵粉，調製到適當的濃度。洗乾淨頭髮後，把水分擦乾，把番茄泥塗到髮絲上並按摩頭皮，然後戴上浴帽並包上熱毛巾熱敷15～20分鐘，最後用溫水沖洗乾淨。番茄洗髮水能使受損的頭髮恢復原有的色澤，還可去除頭髮上多餘的氣味。

芒果護髮法：將芒果去皮、去核，搗爛，或用榨汁機打成糊狀，加入一匙檸檬汁，攪拌均勻即可使用。洗乾淨頭髮後，用毛巾稍微抹乾，再用芒果糊按摩頭皮和頭髮。15～20分鐘後，用溫水沖洗乾淨。芒果中含有的豐富維生素和礦物質，能促進頭皮和頭髮的新陳代謝，令頭髮更健康有光澤。

這些民間的護髮寶典有著極強的護髮效果，絕對值得嘗試。很多堅持多年的女性，到了晚年，一頭秀髮依然可以和少女媲美。

吃什麼最美髮

含有不同營養成分的食物也可以調養頭髮，可以根據自己的髮質適當進行食補。

- 脫髮嚴重的人，體內通常缺鐵。含鐵量豐富的食物有黃豆、黑豆、蛋類、蝦、鯉魚、熟花生、菠菜、蘿蔔、香蕉、胡蘿蔔、馬鈴薯等。
- 頭髮乾枯、頭梢開裂，可以多吃核桃、黑芝麻、玉米等食品。
- 頭髮的光澤度與甲狀腺的功能息息相關。補碘能增強甲狀腺的分泌功能，有利於頭髮健康，可多吃海帶、紫菜、牡蠣等食品。
- 維生素E可延緩頭髮衰老，促進毛髮生長。可多吃鮮萵筍、捲心菜等。

第13節 DIY面膜，親自動手的綠色美容態度

現今，使用綠色護膚品已經是一種生活態度！昂貴、高檔或所謂高科技的精細化工類化妝品，綠領族都不屑一顧，她們青睞的是純天然、無公害的環保護膚品。

所謂綠色美容態度就是以追求天然為理念，提倡以天然物質為美容原料，用自然手段進行美容護膚，在安全、環保、自然的前提下，來感受大自然賦予的綠色美膚能量！

使用最天然的綠色產品和方法來美容，給自己自然健康的美麗，本來就是一件天經地義的事。當我們開始崇尚天然物質與生俱來的護膚使命，它會給你的肌膚更多回報。綠色美容的護膚原則，就是享受大自然的恩賜，得到天然物質無害化的滋養，脫離化妝品所產生的化學污染。

DIY即do it yourself的意思，DIY做為一種強大的生活態度，已經風靡已久。綠領生活裡可以輕鬆DIY護膚產品，以天然成分來保養肌膚。

面膜美容是一種普遍的美容護膚方法。當臉上塗上面膜後，水分蒸發會產生收緊皮膚、刺激面部血液循環的作用，含有營養成分的面膜能促使皮膚細胞快速直接地吸收營養。含有不同成分的面膜具有不同的作用，比如清潔皮膚、收縮毛孔和抗衰防皺等。敷面膜不一定非得到商場的化妝品專櫃去燒錢，在家中也可以DIY。

自己動手DIY面膜，可選用天然原料，如新鮮的果蔬、雞蛋、蜂蜜、中草藥和維生素液等，

DIY面膜的特點是副作用少，不受環境和經濟條件的限制，是天然環保又省錢的美容佳品。自助美容品一樣可以愛護「面子」，而且還物美價廉，只需要動動手而已，何樂而不為呢？

DIY面膜之前，需要準備一些工具。DIY要用到的工具大概有以下這些：

1.有蓋的各式空瓶子。

調製出來面膜，當然要有容器裝起來了。如果DIY面膜含有植物精油成分，最好使用玻璃瓶。平時用過的護膚品空瓶別扔掉，可以積攢起來裝DIY面膜。很多DIY面膜都需要比較用力地搖晃才能混合均勻，所以準備一個有蓋子的廣口瓶，旋緊蓋子，就很容易搖晃均勻了。

2.面膜碗。

在調製面膜時，一個小碗就能將材料混合。

3.湯匙或筷子。

湯匙或筷子的用途是將面膜材料攪拌均勻。

4.刻度滴管（也可用針管代替）。

滴管用來添加一些小劑量的抗菌劑、乳化劑，在醫療器材商店、藥店能夠買到。

5.量杯。

如果DIY面膜需要對材料的用量量取得特別精確的話，可以使用量杯。只要準備好工具，將選用的原料按照一定的比例、正確的方法來DIY，一般只要十分鐘左右就可以製成一款面膜。除了安全環保，享受到動手的樂趣之外，最重要的是適合自己的特殊需要。自製的美麗，聽起來多麼神奇美妙！

緊膚亮顏的DIY「膜」法

綠茶緊膚面膜。

緊膚指數：*****

材　料：綠茶粉一小匙、蛋黃一個、麵粉一匙半。

DIY處方：在麵粉中加入蛋黃攪拌後，再加入綠茶粉混合。

使用方法：將做成的綠茶面膜敷蓋整個臉部，再鋪上一層微溼的面紙，停留在臉上約5～10分鐘後，用冷水或溫水洗淨。敷了面膜後的肌膚會很敏感，如果要化妝要先薄薄地塗上一點化妝水或乳液。敷面後觸摸肌膚，會立即感到皮膚很緊緻光滑。

適用人群：這款面膜適用於所有要對抗皺紋和鬆弛皮膚的女性。

番茄緊膚面膜

緊膚指數：****

材　料：番茄、檸檬。

DIY處方：將番茄與檸檬片打成泥，加少許麵粉後攪拌均勻即成。

使用方法：塗於臉上約三十分鐘後洗去。這款面膜可以清除老廢細胞，深層清潔肌膚，收斂肌膚，對黑頭粉刺和油性肌膚尤其有效。具有清潔和美白作用。

適用人群：這款面膜「老少皆宜」，根據自己的皮膚狀況，很年輕的女生也可以用。

蛋黃咖啡除皺面膜

緊膚指數：＊＊＊＊

材　　料：咖啡粉十克，雞蛋一個，蜂蜜一匙，麵粉兩匙。

DIY處方：雞蛋取蛋黃，將蛋黃與其餘所有材料攪拌均勻即可。

使用方法：將面膜均勻地塗在臉上，避開眼、唇四周，十五分鐘後用溫水洗淨。咖啡中所含的咖啡因能令粗糙的肌膚恢復柔嫩，增進皮膚彈性，並且具有緩解疲勞、鎮靜止痛的作用；蛋黃所含的維生素E有抑制肌膚細胞老化的作用，可對抗自由基，能有效地滋潤皮膚、撫平皺紋、預防肌膚鬆弛，是一種成本低廉而且優秀的天然防老化品，配合滋潤度一流的蜂蜜，抗皺紋功效極佳。

適用人群：這款面膜適合乾性肌膚或老化肌膚的人使用。

橄欖油蛋黃面膜

緊膚指數：＊＊＊

材　　料：蛋黃一個、精純級橄欖油一匙、麵粉三匙。

DIY處方：蛋黃打散後加入橄欖油和麵粉調勻，這裡麵粉用的份量不宜過多。

使用方法：將面膜薄薄地敷在臉上就可以了。大約20～25分鐘後洗淨，也可以再拍些收斂毛孔的化妝水。橄欖油可滋潤皮膚，減少皮膚細紋，麵粉一方面是為調整濃稠度，另外藉著體溫起一點發酵作用，也有助肌膚的新陳代謝。

適用人群：這款面膜適用於所有要對抗皺紋和鬆弛皮膚的女性。

蛋黃珍珠粉面膜

緊膚指數：＊＊＊

材　料：蛋黃一個、珍珠粉兩大匙。

DIY處方：把蛋黃和珍珠粉攪拌均勻即可。

使用方法：敷在臉上15分鐘，洗過後拍上收縮水和保溼霜，再去摸皮膚時就能感覺像絲緞一樣細膩光滑，感覺超好。

適用人群：這款面膜適合乾性肌膚的人使用。

絲瓜蛋黃面膜

緊膚指數：＊＊＊

材　料：絲瓜半根，蛋黃一個。

DIY處方：絲瓜洗淨後去皮去籽，搗成泥狀備用。在碗中倒入絲瓜泥，加入蛋黃，攪拌均勻即可。

使用方法：用化裝刷將面膜均勻塗抹在臉上，避開眼、唇部，15分鐘後用溫水洗淨即可。這款面膜可以清潔肌膚，去除細胞中的污垢，潔膚潤膚合二為一，使用後肌膚細膩水嫩。

適用人群：這款面膜適用於毛孔粗大的女性。

蘋果泥蛋黃亮顏面膜

緊膚指數：＊＊＊＊

材　料：蘋果四分之一個、蛋黃一個、麵粉兩匙。

DIY處方：將蘋果削成泥狀，或是用榨汁機將蘋果渣取出（也可以使用嬰兒吃的蘋果泥）加上蛋黃及麵粉攪拌均勻即可。

使用方法：清潔肌膚之後，將面膜敷於臉上10～15分鐘後，用溫水沖淨，可天天使用。此款面膜能夠保溼和滋潤肌膚，讓肌膚明亮有光澤。成熟性肌膚經常使用這款面膜能夠令肌膚恢復年輕細緻。

適用人群：這款面膜適用於皮膚乾燥缺水的女性。

連結：測一測你的肌膚年齡

肌膚年齡並不等於生理年齡！如果平時保養功課做得好的話，完全可以人到三十卻擁有二十歲才有的年輕肌膚；反之，二十歲的年齡也許會有三十歲的皮膚哦！測定肌膚狀態的方法很簡單，請確認檢查你的臉部肌膚有無以下問題：

1.皮膚黯淡無光澤，用手觸摸時較粗糙。

2.臉部毛孔越來越粗，以兩頰和鼻部為甚。
3.眼尾出現細小皺紋，笑時更明顯。
4.眼下浮腫，出現眼袋。
5.臉上出現黑斑或原來的雀斑加深且增多。
6.肌肉鬆弛、顴骨增高、嘴角下垂。
7.出現了雙下巴。
以上現象如果你出現得越多，表示你的肌膚年齡就越老。

7

健康

——生活越綠，身體越好

第1節 日出而作，日落而息：我們為何做不到？

古代的人們是「日落而息」，而現代社會的好多人卻「日落而樂」。千古流傳的「日出而作，日入而息」的生活節奏，在很多人生活中已逐步被顯示現代文明的夜生活所取代。人們在勞累一天之後，晚上便需要放鬆一下，打牌，逛街，或者呼朋引伴去酒吧、夜店……快樂的夜生活開始了。

夜生活是城市生活的潮流，它的本質就是放鬆。然而，健康專家認為，人體如同田地，也分春生、夏長、秋收、冬藏。冬藏指的就是人要養精蓄銳，晚上十點之後是人的血氣相對衰竭，應該好好休息的時候。如果經常深夜還在外面娛樂，久而久之不僅不能放鬆，還會生病。

有些人的生理時鐘習慣了夜生活，也許並沒有感覺到什麼不適，但這只是一種「偽健康」現象。實際上，正常的生理節奏已經被夜生活打亂，各種潛在的健康隱患隨時會給身體帶來麻煩。

都市中有一種流行病症叫做「夜生活綜合症」。症狀表現為神經功能紊亂、視力障礙、胃腸功能失調等。根據調查，長期沉浸於「夜生活」的人群中，84％的人有渾身酸痛、無力、頭暈眼花、肩頸僵硬、手足麻木等不良症狀；76％的人自我感覺免疫力下降，易患感冒、咳嗽、發燒，容易腹瀉，生病後身體恢復速度越來越慢；74％的人記憶力衰退、健忘、反應遲鈍、精力不集中、脫髮、失眠。

夜生活再快樂，也不能以健康為代價，綠色的生活方式才是保持最佳身體狀態的王道。健康專家建議，「綠色生活」一定要做到以下幾點：夜生活有節制，注意保持生活規律；合理膳食，保證充足的睡眠；選擇適合自己身體特點的運動並加以堅持；學會調整情緒，學會減壓，定期體檢。

如果能夠做到這些，好處也是顯而易見的，你的身體一定能夠很快體會得到。

日出而作日落而息

賴床是很多人的頑固習慣，很多人總是不能按時起床，昏昏沉沉地賴在床上好久，造成起床後腦袋混沌一片。對此專家建議，一醒來就應該將檯燈打開，或者拉開窗簾，讓光線灑進房間，這樣有助於調整生理時鐘，促進大腦清醒。但是起床時動作不要太迅猛，應躺在床上，活動一下四肢和頭部，五分鐘後再起來，否則會導致血壓突然變動。

健康的關鍵在於順應自然，最佳起床時間並非是永遠不變的固定值。每天太陽升起時，人體的生理時鐘就會給身體發出指令，交感神經開始興奮，這時就該起床了。隨著一年四季太陽運行規律的不同，起床時間也應有所變化，春天和夏天應該晚睡早起，秋天天高氣爽，應該早睡早起，冬天則應早睡晚起。

一天之中，人清醒和睡眠的時間比例應該是2：1，無論幾點起床，保證充足睡眠才是最重要的。對大多數人來說，八小時的睡眠時間是最好的。平均盡量別低於七小時，否則每少睡一小時，死亡率就增加9％。

第2節 摒棄陽光：讓我們的骨頭越來越鬆

劉小姐為老媽打起遮陽傘的時候，遭到老媽質疑：「我這把年紀應該多曬點太陽補鈣。」

「那我買給妳的鈣片呢？」

「天天吃那些東西幹嘛？身體自己合成的不是更好嗎？」

俗話說「一白遮三醜」，東方人的審美標準是以白為美，不少人尤其是女性特別害怕日曬。過度曝曬的確會引起皮膚老化，長皺紋，甚至可能患上皮膚病，但適度的日曬對人體來說是不可缺少的。有規律地曬曬太陽，會促使人體內產生維生素D，可以預防骨質疏鬆。

很多人由於害怕皮膚被太陽曬黑，採取了萬全的防曬措施，甚至沒事就宅在家中不出門。現代人戶外活動本來就少，不見太陽的時間已經很長，如果再過度防曬，體內透過曬太陽的方式合成的維生素D大大減少，影響了身體對鈣質的吸收，就會成為骨質疏鬆的高危險群。

骨質疏鬆症是比較危險的一種疾病，因為患了這種病骨折的危險性就就會大大增加。骨質疏鬆症是目前一個全球性的健康問題，最常發生骨折的部位是胸、腰椎、髖部、腕部，而且骨質疏鬆症的患病率女性比男性要高很多。根據調查，女性髖部骨折的發生率是男性的2～3倍，而髖部骨折一年後的死亡率高達12％～20％。如果女性發生過一次椎體骨折，那麼再次發生骨折的危險也會增加2～4倍。

骨質疏鬆一旦發生，幾乎不可能再恢復正常的骨結構，所以預防比治療更重要。

適當的「日光浴」是預防骨質疏鬆最好、最「綠」的方法。當然，曬太陽應根據膚色、地區、季節、時間因人而異，一般而言，一天至少要有一個小時接受陽光照射。

一天之中最適合曬太陽的時間是早晨6～10點，這段時間陽光中的紅外線強，紫外線偏弱，可以起到活血化瘀的作用。下午4～5點也是曬太陽的好時段，此時曬太陽可以促進腸道對鈣、磷的吸收，促進骨骼正常鈣化。不過夏天日照時間較長，下午四、五點鐘正是熱浪滾滾，日光灼人的時候，曬太陽的時間可以延後一些。

人們對日曬通常有一個認識上的誤解，以為就是非得直接在陽光下曬。其實只要在戶外，哪怕是在樹蔭下或者看不到太陽的情況下，都能夠接受到太陽的照射，因此如果只是短時間在戶外活動，又不是太陽曝曬的情況下，不必太過於刻意去遮擋陽光，這樣皮膚不會曬黑，同時也促進了鈣的吸收。

測一測你是否有骨質隱患

國際骨質疏鬆基金會設計了一個「一分鐘風險測試」，旨在幫助人們判斷自己是否是骨質疏鬆的潛在患者：

1. 您的父母有沒有輕微碰撞或跌倒時，就會發生髖骨骨折的情況？
2. 您是否曾經因為輕微的碰撞或者跌倒就會傷到自己的骨骼？
3. 您經常連續三個月以上服用激素類藥品嗎？

4.您的身高是否降低了三公分？

5.您經常過度飲酒嗎？

6.您每天吸菸超過二十支嗎？

7.您經常患痢疾、腹瀉嗎？

8.女士回答：除了懷孕期，您曾經有過連續十二個月以上沒有月經嗎？

9.男士回答：您是否患有陽痿或者缺乏性慾這些症狀？

如果您有任何一道問題的答案為「是」，表示就有患上骨質疏鬆的危險；如果您的答案有相當一部分或者全部為「是」，說明您有可能已經患有骨質疏鬆症，很有必要去醫院做進一步的檢查。

第3節 空調生活：導致現代都市病流行

夏天，白天驕陽似火，夜晚悶熱難當，不開空調實在受不了。空調一開，涼風習習，感覺很暢快，所以很多人都依賴空調。不過，空調吹多了，空調病又成了現代都市病之一。症狀是輕則頭痛、頭暈、打噴嚏、流鼻涕，重則發燒、腹瀉，甚至還有人會患上面部神經麻痺、腦血管疾病等疾病。

在醫學上，其實還沒有「空調病」這個名詞，說其是一種病不如說是一種社會現象。一般來說，凡是與空調有關或由空調引起的相關疾病，都可以稱之為「空調病」。

是什麼原因導致「空調病」的氾濫呢？首先是溫差過大。人們在室外的高溫下進入空調屋，溫差過大，導致血管急劇收縮，極易引起感冒。另外，長時間處於空調環境下，人體會失水過多。有人覺得，在陽光下流汗才是水分流失，其實在空調房間裡，身體的水分也在隱性蒸發。有時在空調下人會覺得很渴，其實這時身體已經嚴重缺水了，所以即時補水是必不可少的。再次，空調間裡往往都是門窗緊閉，空氣長時間不流通。開著空調固然涼快，但室內空氣渾濁，在這樣的環境下，人也極易生病。

不想得空調病，還是要以防為主。人的體溫調節對溫差在六度以內的溫度變化可以調節自如，超過這個範圍，就有得病的可能，所以室內外溫差不宜過大，不要把空調的溫度調得太低。

要注意換氣通風，做到每天開窗透氣三十分鐘以上。出汗後進入空調屋，應先擦乾汗水，並脫掉汗溼的衣服。不要離空調太近，不要讓冷風直接吹在身上。大汗淋漓時千萬不能貪涼直接吹空調。要注意給身體保暖，膝蓋、小腹、腰等一些身體部位對冷氣比較敏感，要注意用衣服覆蓋。

吃好了，也能預防空調病

這是一個來自韓國的好方法，那就是——用芹菜粥對抗空調病：將芹菜洗淨切段備用，在鍋裡放入涼米飯，加水煮，米變黏後，加入芹菜，稍煮後，加香油和適量的鹽即可。

芹菜為何能對抗空調病呢？

芹菜中含有維生素A、維生素B_1、B_2、維生素C和維生素P，及一些微量元素、蛋白質、甘露醇和食物纖維等營養成分。在密閉的空調房間，人體的內熱無法排出，容易致病，而芹菜具有清內熱的功能，並能促進胃腸蠕動，有助於祛除暑熱。

本來用砂鍋熬粥最好，但卻是個「慢工出細活」的事，上班族可能沒這麼多時間。用涼米飯熬粥，既省時，也不會丟失營養。

在封閉的空調環境裡，人體的體溫調節、水鹽代謝以及循環、消化、神經、內分泌和泌尿系統都會發生變化，而夏天人們食慾減退，飯量變小，也會限制營養的吸收。所以，對抗空調病，喝粥也是一種很好的補充營養的辦法。

但是粥裡面為什麼還要加香油呢？

香油含豐富的維生素E，營養價值很高，具有促進細胞分裂和延緩衰老的功能。久坐不動的上班族易發生習慣性便祕，適當吃點香油，能潤腸通便。而且常喝香油對聲音嘶啞、慢性咽喉炎也有良好的恢復作用。

第4節 沉溺網路：神經系統越來越疲憊

網路在現代人的生活中是不可或缺的，已經成為人們生活中的重要內容之一。美國加州史丹佛大學醫學院曾經做過一次社會調查，結果顯示超過八分之一的美國成年人有網癮。

一共有2,581個人接受了這次調查。在這些人中，68.9%的人經常上網；13.7%的人宣稱無法忍受連續幾天不上網。說到為何沉溺網路，8.2%的人說，上網可以使他們遠離現實，改善情緒。5.9%的被調查者承認，他們的人際關係因為過度迷戀網路而日趨緊張。12.4%的人承認自己的上網長於實際需要；超過12%的人認為有必要縮減線上時間，但曾經嘗試這樣做的人僅有8.7%。

患上「網路綜合症」的人群數量竟然如此龐大，儼然已經成為危害公眾身心健康的一大頑疾。據專家預測，染上不同程度網癮的人數在未來的日子還會不斷攀升。

過度沉迷網路會對身心健康帶來種種不良影響，包括睡眠時間不足和運動量太小、社交能力下降以及腕管綜合症等。「電腦族」長時間面對電腦，精神很容易疲倦，長時間的疲勞狀態會導致中樞神經系統過於緊張，出現頭疼、頭暈、情緒低落、失眠、心悸、多汗、厭食、噁心等症狀。據統計，有83%的常用電腦者經常感到眼睛疲勞，63.9%的人肩酸背痛，56.1%的人劇烈頭痛，54.4%的人長期食慾不振。而且電腦輻射線經年累月地在身體裡蓄積，也會對血液系統造成傷害。

因此專家大力呼籲，要人們縮短每天坐在電腦前的時間，多安排戶外活動，為神經系統緩解壓力。平時要堅持運動，以保持旺盛的精力和良好的體能。長時間上網後，可以平躺在床上，全身放鬆，將頭仰放在床沿以下，緩解大腦供血供氧的不足。還可以用枕頭墊高雙腳，平躺在床或沙發上，以幫助血液回流，減輕雙腳的水腫，預防下肢靜脈曲張。在上網過程中，應該經常站起來伸伸懶腰，舒展一下筋骨或仰靠在椅子上，雙手用力向後伸展，放鬆一下緊張疲憊的腰肌。

最後切記一點，使用電腦後，一定要認真洗手。滑鼠和鍵盤上面有很多細菌和病毒，也會給健康帶來不好的影響。

電腦族健康小提示

- 使用電腦時，最好把顯示器調整到比眼睛平視低10～20公分，可降低眼瞼上提的機會，除了要讓眼睛多休息外，還要經常滴幾滴保溼眼藥水來溼潤目光。
- 多吃對眼睛有益的食物，如雞蛋、魚類、胡蘿蔔、枸杞子、菊花、芝麻、動物肝臟等。
- 茶葉中的脂多糖有抗輻射的作用，所以飲茶能降低電腦輻射的危害。
- 每天遠離電腦一小時，進行體育鍛鍊，增強體質。

第5節 排毒過度：清體不成反傷健康

說到「人體排毒」，方法可謂五花八門：服用各種排毒藥物、清洗結腸、洗海水浴等等。由於「排毒療法」的出現，滿足了人們追求健康的心理需求，很多商家為了迎合市場，推出很多排毒產品，再加上廣告的推波助瀾，許多人開始接受各種方式的排毒。面對人們對「排毒」的過分熱衷，對毒素的過度恐懼和對外力排毒的過度依賴等不正常心理現象，醫學專家忍不住出來說話了：人們真的百毒侵身？人體排毒，到底應該憑藉外力還是依靠自身？

正常情況下，食物經過食道、胃、十二指腸、小腸、大腸、最後排出體外，整個過程一般在12～24小時之中就能完成，這樣可確保沒用的殘渣不在腸道中滯留太久。但是若是由於勞累、緊張或其他原因，一旦人體出現代謝功能失調，廢物便會賴在體內不走而產生毒素。毒素再滲入身體，就會使人生病。專家認為，如果發生這種情況就需要藉助外力將這些廢物清除出體外，使人體恢復正常的代謝功能。

在各式各樣的排毒方法中，藥物排毒是大多數人選擇的主要途徑。排毒藥物的主要成分是天然藥物和高營養物質，可對體內毒素進行吸附、蕩滌、分解和中和，然後再通過消化道、泌尿道、汗腺將毒素排出體外。

相較之下，結腸清洗則是一種更加直接的排毒方式。它透過洗刷附著在腸壁上的廢物，加快結腸蠕動，按摩腸道，進而來恢復代謝功能。

「排毒」究竟有沒有那麼神奇的功效呢？客觀地說，無論用哪種方法進行排毒，都能起到一定的作用，但問題關鍵在於「排毒」的效果是否能持久，一次排毒能否終生受益？

其實，無論是多個療程的藥物排毒還是一次性排毒，都是治標不治本，還可能會使人體對產生依賴性，使自身排毒功能喪失。一般來說人體是不需要排毒的，因為人體是精密的機器，自身具有新陳代謝的功能，完全可以憑藉自己的能力把體內廢物排出去，而且只有充分運用自身功能進行代謝，才是最安全的方法。即使是由於種種原因而出現代謝功能紊亂、生態機體不平衡，必須藉助外力來輔助功能調整和恢復，也不可長期使用，以免身體產生依賴。就大腸清洗來說，健康人一年最多只能做兩次，過多的使用會導致自身功能減退，給日常生活帶來不必要的麻煩。

所以說，「排毒」千萬不能趕時髦，不能跟著廣告走。面對琳瑯滿目的保健藥品及千奇百怪的排毒方法，大家應該多一分冷靜，多一分理智！

五種天然排毒食品

● 黃瓜：味甘，性平，具有明顯的清熱解毒功效，還含有丙醇二酸、葫蘆素、柔軟的細纖維等成分，是難得的排毒養顏食品。

● 荔枝：味甘、酸，性溫。有補腎、改善肝功能、加速毒素分解排除、促進細胞再生、使皮膚細嫩等作用，是排毒養顏的理想水果。

● 木耳：味甘，性平，有排毒解毒、清胃滌腸等功效。木耳中含有一種植物膠質，有較強的吸附能力，可將殘留在人體消化系統的雜質集中吸附，再排出體外，進而起到排毒作用。

● 蜂蜜：味甘，性平。對潤肺止咳、潤腸通便、排毒養顏有顯著功效。常吃蜂蜜或者常飲蜂蜜水能達到排出毒素、美容養顏的效果。

● 胡蘿蔔：味甘，性涼，有養血排毒、健脾和胃的功效。胡蘿蔔是有效的解毒食物，它有大量的維生素A和果膠，與人體內的汞離子結合之後，能有效降低血液中汞離子的濃度，加速體內汞離子的排出，素有「小人參」之稱。

第6節 濫用激素：留不住青春卻能致癌

尹太太平時很注意保養，也沒有腫瘤家族病史，但卻患上了乳腺癌，醫生說她患病的原因可能是因為盲目補充雌激素。她怎麼也想不通：「我只是服用了含有一定量雌激素的保健品，是為了延緩衰老，怎麼反而『補』出病來？」

身為女人，誰不想延緩衰老，青春永駐？好多女性熱衷於透過各種含化學雌激素的保健品和藥品來延長青春，殊不知這是很危險的做法。

目前市面上各種具有延緩女性衰老的含激素類保健品很多，如果濫用這些含雌激素的產品，很可能為自己的身體埋下隱患，使卵巢癌、子宮癌、乳腺癌的發病率大大增加。

美國女性健康促進會在近十七萬女性志願者中，進行了一項健康調查。調查資料顯示，同時服用雌激素和孕激素的女性，乳腺癌發病率明顯升高。外源性激素進入體內，很容易造成人體內分泌失衡，導致雌激素等多種激素水準的紊亂，紊亂的時間如果過久，乳腺導管上皮細胞在其刺激下由單純性增生發展到異常增生，就可能會發生癌變。

容易罹患乳腺癌的高危險群，進補雌激素的危險性更大。乳腺癌高危險群是指：初潮年齡在十二歲之前者；有乳腺癌家族病史者；三十歲以後才生育者；終生未生育的女性危險性更大。此外肥胖人群也須小心，因為過多的脂肪會轉化為類雌激素，進而刺激乳腺組織增生。六十歲以上的女性體重每增加十公斤，患乳腺癌的危險將增加80％。

但補充雌激素，確實對女性老年時期的身體狀況有所改變，我們總不能因噎廢食吧？既然化學合成藥物已被列入致癌物質「黑名單」，所以營養專家和醫學專家們提倡用天然植物類激素來替代。

傳統的中藥，特別是一些補腎的中藥，就有彌補女性雌激素分泌不足的功用，比如：女貞子、仙靈脾、熟地、枸杞子、何首烏、鹿角霜、生地、旱蓮草、桑椹子、紫河車、山萸肉、仙矛等。根據個人的體質，運用中醫藥補充雌激素，非常安全和「綠色」。

讓青春與大豆結盟

在自然界中，一些植物的體內也含有「雌激素」，它們被稱為植物性雌激素，具有對女性體內雌激素水準雙向調節的神奇功效。

異黃酮是一種最常見的植物性雌激素，它主要分佈在豆類中，在大豆中含量特別豐富，故稱「大豆異黃酮」。大豆異黃酮的結構與女性體內的雌激素很相似，可對人體起到補充雌激素的作用；而在體內雌激素水準過高時，又會阻止雌激素過量作用於女性靶器官，進而使女性體內雌激素活性保持平衡，因此大豆異黃酮又被譽為女性雌激素水準的「調節器」。

由於大豆異黃酮是天然植物雌激素，很容易分解，不會在人體內堆積，因此沒有外源性雌激素的毒副作用，是安全和綠色的。

這種對雌激素有雙向平衡作用的食物，很難再找到第二種。所以，大豆及其製品理應成為女性餐桌上的「貴賓」，是食補雌激素的理想之選。女人一生都應與大豆結盟，每天應保證喝一杯香濃的豆漿，平日多吃點豆製品。

第7節 科學服藥：關愛健康的最「綠」方式

在現代家庭裡，十有八九都有一個自備的小藥箱，感冒藥、退燒藥、消炎藥……應有盡有。「大病上醫院，小病上藥店」，已經成為人們的一種用藥習慣。吃一些非處方藥在很多人眼中是件小事，不一定非得去請教醫生。經常聽一些人抱怨：吃了許多藥，病卻一點也沒好。很多病久治不癒，不科學的用藥方法不能不說是重要原因之一。

藥學專家告誡人們，只有對藥物有正確的認識，並採取正確的用藥方法，才能使藥物達到最佳療效。不同廠商、不同工藝生產出來的藥物在服用時間、劑量上都大有區別。日常服用藥物時，要嚴格按照藥品說明書指示或遵造醫師囑咐。

科學服藥不僅能夠發揮藥物最大的療效，還能減少藥物對人體的副作用。藥學專家為我們總結出了用藥的「五大講究」，如果這五方面都能夠注意，基本就算是做到科學用藥了：

第一，飯前飯後有講究：多為餐後藥。

藥物一般就分為飯前、飯後和隨餐服用三種。飯前服用藥物的時間一般是在就餐前半小時到一小時之內。

大部分藥物均在飯後服用，一般是指在吃完飯半小時之後服藥。如果藥品說明書沒有明確指示服藥時間，一般都可在飯後吃，因為餐後服食可以降低藥物對胃腸道的刺激，減少不適感。

隨餐服用，顧名思義就是在吃飯時同時服藥，這樣的藥一般為脂溶性藥物，食物能幫助藥物的吸收，比如深海魚油。還有糖尿病患者服用的某些降糖類藥物，會嚴格要求患者在吃第一口飯之後服用。

第二，送服有講究：溫開水最好。

服藥最好用40～60攝氏度的白開水。很多人對用什麼送服藥物比較隨意，手邊有什麼就隨手拿起來，用茶水、牛奶、飲料，甚至酒吃藥，這些做法都很不科學。用茶水、牛奶、飲料、酒等送藥不僅會影響藥效，還會引發藥物的不良反應，比如酒精特別容易跟藥物發生戒酒硫反應，用酒服藥容易產生頭暈、頭痛、面色潮紅等症狀。有些藥物甚至要求忌口，在服用期間應該戒酒。

第三，時間有講究：配合生理時鐘服藥。

需要根據人體的生理時鐘服用，最典型的就是降壓藥。降壓藥大多都是在早晨起床後空腹服用，因為根據人體的生理時鐘，早上血壓最高，此刻服藥能達到最佳效果。而人在睡眠中血壓會大幅度下降，因此降壓藥不能在睡前服用，以免矯枉過正，引起低血壓。另外，抗抑鬱的藥物也需要避免在睡前服用，因為這類藥物容易引起失眠。

第四，劑型有講究：不要隨便改變藥物劑型。

一些家長給孩子餵藥時，經常把膠囊去掉囊衣，將藥物溶解在水裡，或將大的腸衣片掰成小片、壓成粉末等做法都是不科學的。我們的常用藥分為糖衣片、薄膜片、腸衣片、緩釋片、咀嚼片等，不同的劑型除了避免藥物的異味外，主要是為了使其在不同的身體部位被吸收。如腸衣片的吸收部位在小腸，這種藥劑可以使藥物到了小腸才釋放藥性，這樣就可以保護我們的胃；咀嚼片則要求充分咀嚼以發揮藥效。

第五，孕婦有講究：藥物多久能代謝。

很多計畫當媽媽的女性，如果不小心服用了一些對胎兒不利的藥物，多久以後懷孕才安全？不同的藥物有不同的半衰期，比如有些藥物半衰期是五小時，有些則是二十四小時或四十八小時。通常在經過5～7個半衰期後，藥物即可99％地代謝出體外，不會在懷孕後對胎兒造成影響。

在科學用藥的前提下，我們還要懂得一件事，世上沒有能夠包治百病的靈藥，也不可能任何疾病都能完全靠藥物來治好，需要飲食、生活、運動的配合和輔助，才能達到最好的療效。科學用藥很重要，健康的生活方式同樣重要。

濫用藥物的二十個「陋習」

- 喜歡儲備藥物。看到平價藥店裡好幾種藥都符合自己的病症，就統統買回家備用。
- 看了廣告後，去藥店自行選購藥品。
- 「老病號」久病成良醫，自行選藥吃藥。
- 不管是否對症，盲目崇拜「進口藥」、「特效藥」。
- 認為「便宜沒好貨」，價格低的藥肯定效果差。

- 在服用非處方藥物前，不仔細閱讀藥物說明書。
- 為了病好得快，加量、超時服用非處方藥。
- 在用藥過程中，不按醫生要求定期複查。
- 不注意藥物與食物之間的關係，在服藥期間不忌口。
- 吃藥怕苦，為減輕藥物的苦味，隨意用牛奶、果汁、飲料送服藥物。
- 把醫囑「每日四次」，簡單理解為一日三餐加睡前一次。
- 家庭小藥箱存放藥品混亂，不按規定條件儲存。
- 對過期藥品捨不得處理。
- 經常自行服用抗生素。
- 為了「鞏固療效」，任意延長抗生素使用療程。
- 認為中草藥屬於天然藥品，毫無不良反應。
- 認為「以毒攻毒」是好辦法，濫用有毒中草藥抗疾病。
- 害怕出現藥物副作用，諱醫忌藥，拖延病情。
- 「進補強身」觀念過分深入人心，隨便吃保健品，產生藥癮。
- 服藥過於隨意，病重時多藥聯用，症狀緩解時少用藥，甚至擅自停藥。

第8節 潔身自制：感情「綠」的人身體更健康

我們的私人生活就是一個自己的私密空間，我們不斷地選擇一些東西填充我們的空間，比如感情。但感情也是講究環保，講究綠色的，為了身體和心靈的健康，要時刻提醒自己，感情也要「綠」！

較之以前，現代人在性方面的價值觀發生了一些變化，有些人的感情還在「交叉使用，重複使用」。「性自由」等思潮和現象在社會上越來越多見，由此帶來了一系列的社會問題，其中，疾病的傳播就是嚴重的問題之一。

從理念上來說，性觀念和性行為方式，是一個人自身的權利，只要沒有違法和犯罪，一個人選擇何種性行為方式和誰做性伴侶，他人不能干涉。但從預防疾病的角度來看，「性自由」、性濫交等行為，確實給疾病傳播創造了機會。

性病是經由不良性行為或不潔性生活，由多種病原微生物引起的疾病。患了性病不僅會使自身健康遭受極大損害，還會傳染給他人，甚至還會貽害下一代，導致早產、流產、死胎、新生兒畸形、智力低下等。此外，性病的發生與傳播還會影響社會風尚，嚴重損害人們的倫理道德。

可以說，性疾病不僅是個人的身體健康問題，更是巨大的社會問題。就社會責任感而言，既然濫性的行為是傳播疾病的重要途徑，那麼，每一個人都有義務自覺抵制濫性行為，潔身自制，承擔起對人生和社會的雙重責任。

保險套是不是百分百安全

雖然許多研究資料都證明，保險套對愛滋病的預防可達到85%以上，但對其他性病的防護卻大大低於這個數字。例如，梅毒、尖銳溼疣、生殖器皰疹、陰虱等這些發生在生殖器以外部位的疾病，保險套也是「愛莫能助」。

要想保持對性病、愛滋病萬無一失的預防效果，潔身自愛是最根本的法寶。不能因為保險套有一定防病和避孕作用，就在性行為上恣意妄為，隨心所欲。

第9節 綠色療法：傳統醫學的一枝奇葩

由於濫用藥物給身體帶來越來越多的副作用，當人們發現有些療法不用藥物，沒有副作用卻能使人恢復健康，這些療法就越來越受到人們的重視。人們把這樣的療法稱為綠色療法。綠色療法是一種新理念，是中醫在綠色的理念中發展而來的，是中醫領域中的一枝奇葩。

在中醫治療的各個領域裡，都可以見到綠色療法的蹤跡。這種治療方法是中醫在長期的生活實踐中，在和大自然的鬥爭中一點一滴累積而來的。綠色療法包括：中醫推拿、中藥外治、中藥薰蒸、針灸、刮痧、拔罐、運動療法、心理療法等等一系列康復治療方法。長期的臨床實踐證明，很多在別的治療中無效的疑難雜症，使用「綠色療法」往往能見到神奇功效。

「綠色療法」的超凡之處在於，它不但能治療諸多頑疾，而且沒有任何副作用，完全天然綠色，使每一個患者都能放心接受治療。現代醫學領域有很多各式各樣的治病方法，可是都解決不了「副作用」這個矛盾。而「綠色療法」可以當之無愧地宣稱對人體無任何副作用和不良影響，是目前最天然的康復手段。

有人以為綠色療法只能治療肌肉軟組織、腰、腿疼方面的疾病，而不能治療頭及五臟六腑的疾病，有這樣的想法還是由於對綠色療法缺乏瞭解。目前「綠色療法」涵蓋的領域非常廣泛，包括了內、外、婦等科別，能治療人體九大系統近三百種疾病。

傳統中醫藥文化正以璀璨的光芒照耀著全世界每一個地域，中醫藥技術在西方國家也發展迅速，中醫文化風靡全球，綠色療法將成為全人類的瑰寶。

可以治病的森林浴

人們走進森林的時候，總是感到特別頭腦清爽，在綠色森林之中，植物的清香和樹脂的芳香撲鼻而來，沁人心肺，使人心情愉快，精神飽滿。

好多國家在綠樹參天、青苔滿地、泉水叮咚的森林中修起一座座森林醫院。這些醫院，沒有醫生、護士，也沒有病床、病房；只有繁茂的林木，通往幽處的曲徑，林蔭中婉轉鳴唱的小鳥，小路旁交相輝映的花草。這些「醫院」的治療方法也很特別，就是定時、定點地請病人在林間散步、休息。這種效果頗佳的天然「森林療法」，越來越受到人們的歡迎和重視。每日清晨和傍晚，步行、乘車前去「就診」的人絡繹不絕。

還有不少公園、旅遊點也提供類似的服務。人們如果能夠每天堅持在就近的森林公園中散散步，練練拳，享受大自然的美好，既可感到心情舒暢，亦可防止呼吸系統、消化系統、循環系統和神經系統疾病的發生。

第10節 合理作息：綠色生活的健康二十四小時

在一天的二十四小時之中，什麼時段人的精力最充沛，什麼時間參加考試、試衣服、看牙醫、學樂器、健身鍛鍊最好？什麼時間保養肌膚效果最好？什麼時間吃奶油蛋糕和甜食不易發胖？在快節奏的現代都市生活中，時間是人們最寶貴的資源，怎樣安排你的時間會對健康有好處，又會讓你的工作做得又快又省力，達到事半功倍的效果呢？讓我們一起來看看從6點到24點該做些什麼，進而打造最健康的綠色生活二十四小時：

6～7點——這個時間你很有可能還在床上睡覺，但你的身體已經甦醒，內分泌功能活躍。如果這時起床，不要著急和匆忙，動作不能劇烈，舒緩為宜，避免血壓波動。

8點——這個時段是心腦血管病易發病時間，此時新陳代謝非常順暢，可以吃早餐。練瑜珈最好推遲到10點以後。

9點——9點之後的兩個小時疼痛感和恐懼感最小，是看牙醫和打針的黃金時間。

10點——大腦清醒，思維活躍，適合參加公務談判，完成各種學習任務和參加考試。

11點——如果特別想吃奶油蛋糕或其他甜食，最好在這時而不是午後，這個時間脂肪會轉化為能量，而不會儲存在小腹和大腿上。

13點——此時腦子較遲頓，人會感覺到疲憊，最好能夠午休一會兒。

14點——這個時段身體攜帶的靜電荷最小，適宜梳理頭髮，改變髮型。

16點——此時是健身運動的最佳時間。如果工作忙，離不開辦公室，也要站起來走一圈，活動活動，對保持工作效率有利。

17點——此時放鬆的時間，而且雙手靈活度最好，可以玩樂器、做手工等。

18點——該吃晚飯了，注意適量。這時奶油蛋糕就不是好選擇了，多餘的熱量絕對會變成脂肪而不是轉為能量。

19點——女生護理肌膚，做面膜效果最顯著。服用藥物的吸收效果也最好。

20點——此時審美感最好。可以逛逛街，試試新衣服，買鞋，或者翻翻時尚雜誌、畫冊等。

21點——這時最容易產生孤獨感，可以與朋友、家人聊天或通電話。新陳代謝緩慢，體溫下降，不要在此時吃東西。

22點——你的肝臟不希望你喝酒，此時喝酒影響當晚的睡眠以及明天的心情。

23～24點——此時直到早晨，反應遲緩，沒有堅定的目的性。如果還不睡覺，恐怕不會有什麼好感覺，大多數人會感到恐懼、抑鬱、孤獨。最好什麼也不做，上床好好休息吧！

身體器官的「上班」時間

任何試圖人為更改生理時鐘的行為，都將給身體留下莫名其妙的疾病，老了之後再後悔就來不及了。以下是身體最重要的幾個器官「上班」工作的時間，只有符合他們的規律，身體才能健康。

- 晚上9～11點為免疫系統（淋巴）排毒時間，此段時間應安靜，不要劇烈活動。
- 晚間11點到凌晨1點，肝的排毒需在熟睡中進行。
- 凌晨1～3點，膽為人體排毒，同樣需在熟睡中進行。
- 凌晨3～5點，肺的排毒開始進行。這段時間排毒動作已走到肺，不應用止咳藥，以免抑制廢積物的排除。
- 早晨5～7點，大腸的排毒，最好能廁所排便。
- 早晨7～9點，小腸大量吸收營養的時段，應該吃早點。
- 半夜至凌晨4點為脊椎造血時段，必須熟睡，此時熬夜是健康大忌。

連結：測一測，你的生活方式健康嗎？

良好的生活方式和行為習慣與我們的健康有著十分密切的關係。透過對自己生活方式和行為習慣的自我測定，能夠分析自己存在的問題並進行改善。下面這個測試，可以幫你瞭解一下自己的生活方式和行為習慣是否健康：

喝酒

每天喝啤酒不超過2罐，或葡萄酒4杯，烈性酒不超過2杯。（1分）

在過去一年中，喝過2罐啤酒後從不開車。（1分）

當精神壓力很大或抑鬱時不喝酒。（1分）

喝酒後不會做糊塗事。（1分）

喝酒沒有給我帶來過任何麻煩。（1分）

吸菸

從不吸菸。（1分）
在過去的一年中沒有吸過菸。（1分）
在過去一年中沒有吸水菸或嚼菸糖。（1分）

血壓

在過去的六個月中，血壓正常。（1分）
從沒有查過血壓。（1分）
目前沒有高血壓。（1分）
很注意飲食中的鹽，不吃高鹽的食物。（1分）
直系親屬中沒人患高血壓。（1分）

體重和身體脂肪水準

按標準體重和身高計算，體重正常。（1分）
在過去一年中，不需要減肥。（1分）
身體很健壯，沒有一塊脂肪是多餘的。（1分）
我對自己的身體和體型很滿意。（1分）
我的家人朋友和醫生都認為我沒有必要減肥。（1分）

運動

每週至少運動三次，每次至少三十分鐘。（1分）

休息時的脈搏是每分鐘七十次以下。（1分）

做體育鍛鍊時，沒有容易疲勞的感覺。（1分）

喜歡一些運動，如游泳、打球等，每週都要做一次。（1分）

感到自己的鍛鍊水準高過大多數同齡人。（1分）

精神壓力

覺得自己很容易放鬆。（1分）

比大多數人更能應對壓力。（1分）

很少感到緊張和焦慮。（1分）

睡眠很好。（1分）

能很好地完成各種任務。（1分）

開車

開車總是繫好安全帶。（1分）

坐車總是繫好安全帶。（1分）

在過去三年中，從沒發生過交通事故。（1分）

在過去三年中，從沒有開過快車。（1分）

從沒有酒後駕車紀錄。（1分）

從沒坐過喝過兩杯以上酒的人開的車。（1分）

我每年開車至少一萬七千公里。（1分）

人際關係

對自己的社會人際關係感到滿意。（1分）

有很多的親密朋友。（1分）

能告訴伴侶和其他家庭成員各種感受。（1分）

當有問題時，可以和朋友討論。（1分）

當可以選擇單獨或與其他人一起做事時，通常會選擇與其他人一起做。（1分）

休息與睡眠

每晚都能睡七小時以上。（1分）

總能在二十分鐘內入睡。（1分）

在夜間醒來的次數很少，一般不會醒來。（1分）

早上醒來後覺得睡得很香，精力充沛。（1分）

大多數時間覺得自己精力充沛。（1分）

生活滿意度

如從頭活一次，覺得不需要改變很多。（1分）

完成了大部分在一生中想做的事情。（1分）
很幸福，記不得有什麼讓自己不滿意的事。（1分）
覺得比大多數兒時同伴成功。（1分）
覺得自己的婚姻很幸福。（1分）

性生活

對自己的性生活很滿意。（1分）
只有一個固定的性夥伴。（1分）
從不隨便與陌生人性交。（1分）
從不為利益與人性交。（1分）

將上面的分數加起來，得出分析結果：
45～55分，表明你的生活方式和行為習慣比大多數人都要健康，要保持下去。
25～45分，說明你的生活方式和行為習慣和大多數人差不多，有改善的必要。
0～24分，說明你的生活方式和行為習慣很不健康，要多加注意了。

8

環保

——混凝土森林中的綠色達人

第1節 領養一棵樹，一顆種子會長成一片綠蔭

在全球變暖的情況下，好多城市都已經明顯感受到氣候變化所帶來的影響。除了利用科技來改善環境之外，其實還有一種很簡單的方法——植樹。植樹是一種控制溫室效應的有效方法，一棵樹一生大約可以吸收一噸的二氧化碳。

樹是地球的珍貴資源，樹木的環保價值是不可估量的。印度加爾各答農業大學的一位教授對一棵樹的生態價值進行了計算：一棵五十歲的樹，以累計計算，產生氧氣的價值約31,200美元；增加土壤肥力的價值約31,200美元；吸收有毒氣體、防止大氣污染的價值約62,500美元；涵養水源的價值37,500美元；為鳥類及其他動物提供繁衍場地的價值31,250美元；產生蛋白質的價值2,500美元；除去花、果實和木材價值，總計創值約196,000美元。

人類已經看到了樹木巨大的綠色價值，目前世界上已有五十多個國家設立了植樹節。當然由於各國的國情和所處的地理位置不同，植樹節在各國的叫法和規定的時間也不相同，如日本稱為「樹木節」和「綠化週」；緬甸稱為「植樹月」；以色列稱「樹木的新年日」；南斯拉夫稱為「植樹週」；印度稱為「全國植樹節」；法國稱為「全國樹木日」；加拿大稱為「森林週」。

植樹節是一個綠色的節日，是各個國家為了自己的綠色發展而實施的政策，目的是讓人們積極參與到簡單卻意義重大的植樹活動中去，以保護生態環境和減緩氣候變化。

在世界上的很多城市，都有「領養樹木」的活動。透過「領養一棵樹」的方式，建立一個大眾參與植樹活動的平臺，提高人們植樹的熱情，藉此進行環保宣傳，呼籲人們關注氣候變化，關注環境保護。同時，參與者也可以透過「領養一棵樹」收穫植樹的快樂感覺，還可以在領養的樹木上掛上寫有祝福話語的祝福牌，非常有紀念意義。這樣的活動體現了對於樹木的一種尊重和關懷，這也是對自然的尊重和關懷。

領養一棵樹很簡單，我們不需要高呼口號，只要種下一棵樹，並為自己的這棵樹取個名字，把它們當作朋友。在未來的某一天，你將突然發現，你沒有能力改變全世界，卻能改變自己周圍的環境。

義大利：每誕生一人種一棵樹

義大利的一個城市——卡塔吉羅尼市，為了提倡環保，開展了一項每誕生一名嬰兒就種一棵樹的活動，期望透過推行這項環保活動，教育孩子們愛護大自然，愛護居住環境。並且，如果能夠為每一個新生兒種一棵樹，那麼整個地球就會成為一片綠色家園。

第2節 一水多用，節約生命能源

水是生命之源，滋養萬物，洗濯萬物，為世界帶來潔淨。但是在生活中，「愛乾淨」可不是等於「用水多」，日常生活中注意節約用水不但是種節儉美德，還是種環保美德。環保即為細節。只要有心，節水的方法有很多，以下列舉一些具有方法供大家參考。

洗衣服的時候，水可反覆使用。

節水指數：＊＊＊＊

洗衣服的耗水量是家庭用水中的「大戶」。衣服最好不要一件一件地分開洗，用洗衣機時，如果衣物量過少，衣服在裡面漂來漂去，互相之間缺少摩擦，洗不乾淨還浪費水，不妨多積一點髒衣服一起扔進去。如果不怕麻煩，將漂洗的水留下來洗下一批衣服，一次至少可以節約30～40升水。

洗澡的時候，不要讓水白白流淌。

節水指數：＊＊＊

一般來說淋浴比盆浴省水，如果十分喜歡盆浴，可以使用節水浴缸，它使用的是循環水而且容積小。很多人淋浴時喜歡讓水自始至終地流著，這是最費水的行為。應該選擇流量低蓮蓬頭，先從頭到腳把身體淋溼，沐浴乳的時候關上蓮蓬頭，最後一次沖洗乾淨。如果家中多人需要洗澡，不如一個接一個排隊淋浴，可以節省很多熱水流出前的冷水流失量。

沖馬桶，盡量減少沖水量。

節水指數：＊＊＊

如果你家裡沖水馬桶的水箱容量較大，可以在裡面放一個裝滿水的大可樂瓶。一個大可樂瓶的容量是1.25升，所以這一小竅門每次可以節約1.25升水。或者將水箱裡溢流管上的扇形支撐架降至離球閥兩公分處，能夠控制水箱出水。

一水多用，充分利用。

節水指數：＊＊＊＊

不要讓還有使用價值的水白白流進下水道，要讓每一滴水得到充分利用。這點在生活中很容易做到，比如把洗完衣服的水留下來沖馬桶等；用淘米水、煮麵水洗碗筷，節水同時還能去油；用洗菜水等來澆花；洗臉水還可以用來洗腳，然後再沖馬桶、拖地板等。

一週至少吃一次素。

節水指數：＊＊＊

吃素也跟節水有關係？飼養牲畜所用的穀物需要大量的水來灌溉，才能在最後變成餐桌上的肉食。每週只要少吃一盤肉，改以素食代替，就能幫地球節省好多水資源。

居家節水小訣竅

洗盤子洗碗這些家務事，看似瑣碎細小，其中的節水門道卻不小。有一些小訣竅，讓你刷洗盤子時，一年可以節約至少90公斤的水。

● 通常人們認為，洗盤子前先用水泡一會兒刷得更乾淨。事實是這樣既不能除污，又不能除菌，白白浪費水。刷洗前用溼抹布擦擦盤子即可。

● 煮飯時切下來的黃瓜頭和胡蘿蔔頭不要忙著扔掉，用新鮮的黃瓜頭和胡蘿蔔頭先擦一遍盤子，就能擦掉一些油污，然後再用水洗，這至少能節約十八公斤的水。

● 有些人有在盛滿水的盆中漂洗碗盤的習慣。不流動的水不可能一次性將其漂洗乾淨，需要多次反覆，反而很費水。不如直接將盤子放在流水之下，漂洗一、兩次就能將洗滌劑沖淨，用水量還不到一滿盆。

第3節 宣傳環保理念，讓人人都成為「樂活」

何小姐每次在外面吃飯，都從手提包裡掏出一個細長的盒子，這是她的「環保筷」。對她總是隨身帶著筷子，有人覺得新奇，她就藉著機會向大家宣傳環保意識。她說，因為工作需要她平時應酬多，飯局多，自己帶筷子就可以不使用飯店提供的衛生筷，而使用一次性用品是最浪費資源的行為。

何小姐是位綠領，她樂觀地說：「現在身邊不少朋友在我的帶動下，都會隨身帶雙筷子去，這樣就很環保，我們能做多少就做多少，環境肯定會一天一天好起來的。」她希望以自己的行動告訴大家，環保需要大家一起長久地堅持來做才能有效。

可見綠領並不是僅僅侷限於自身的環保生活，而是更希望用自己的行動去感染身邊的人，讓人人都成為「樂活」。「樂活」（LOHAS）是「Lifestyles of Health and Sustainability」的縮寫，意思是以健康及自給自足的形態生活，強調「健康、可持續的生活方式」，也就是我們所說的綠領。

綠領樂於和朋友分享這種健康、可持續性的生活理念，然後再經由朋友向外逐漸擴散傳遞，小小的努力也可以掀起環保的「蝴蝶效應」。

環保的精神不該是一種標榜，而是一種自律。綠領族的環保理念和行動在這種自律中，加入了快樂、輕鬆和分享的元素，讓環保不再沉重和高不可攀。綠領奉行的是「主動環保」，在追求自身完善的同時積極踐行環保行動。他們深知，一個人的力量雖然渺小，但只要每個人一點一點做起來，就可以迸發出不容小覷的巨大能量。

有人把民間的環保力量比喻為「草根力量」，其實環保真正的力量還就是這些草根，只有做為個體的每個人的環保意識增強了，才能從真正意義上實現環保，否則治理環境的速度遠遠跟不上人們破壞環境的速度，環保也就淪為表面文章。

綠領十大環保宣言

- 我會注重吃什麼、怎麼吃，不吃高鹽、高油、高糖的食品，多吃素食。
- 我會經常運動、作息規律、均衡飲食，不把健康的責任拋給醫生。
- 我會注意自我成長、學習，靈性修養、並關懷他人。
- 我會盡量搭乘大眾交通工具、減少廢氣污染。
- 我不吸菸、拒吸二手菸，支持無菸環境的政策。
- 我會盡量減少製造垃圾，實行垃圾分類與回收。
- 我會盡量使用對環境友善的化學產品，例如使用環保清潔劑。
- 我支持有機（無毒）農產品，並盡量優先選擇。
- 我會向家人、朋友推薦對環境友善的產品，例如環保汽車等。
- 我會隨身攜帶筷子，為少砍一棵樹貢獻一己之力。

第4節 環保志願者：盡己所能、不計報酬地關注生態

雖然環保總是被一提再提，好多人還是覺得它離生活遙遠了點，似乎環境污染的後果只存在災難科幻大片裡。其實生活貌似平靜，但平靜中已處處顯現它的身影，我們只要稍微細心就能體會出環境的惡化。面對逐漸惡劣的環境，一般人能做些什麼呢？一位著名的學者說過：「我們不希望人們只像談論天氣一樣談論氣候變暖，我們需要的是行動，是上上下下的行動。」專家的意思是，自覺選擇健康環保的生活方式，從身邊小事逐件做起。

其實，對環保來說，「小事」並非小事。工作與生活的和諧、個體與群體的和諧、人與環境的和諧，都是靠一件件小事來體現和實現的。綠領正在都市生活樹立和傳播著這樣一種綠色時尚的理念——面對逐漸變壞的環境，面對正在「升溫」的地球，我們都用盡量改善惡劣環境的眼光去審視自己習以為常的生活，盡自己所能地行動起來。

這個時代，每個人的價值不是等別人來發現的，而是要用實際行動去體現和實現自身價值。綠領身上有著一種可貴的樂於為環保事業付出的奉獻精神，這種精神使得綠領從一開始就具有不同於其他階層的特質，他們的信仰是崇尚健康和天然；他們的理想是個人與環境、生態與生活的和諧共融；綠色是他們自我價值實現的生活目標。

一句口號，一個印記，一頂桂冠都無法滿足綠領對自我價值的認識，他們以實際行動踐行環

保精神，完善自己的同時影響他人和社會，真正實現了熱愛生活善待環境的人生價值。

綠色生活標籤

- 節約資源、減少污染；
- 綠色消費、環保選購；
- 重複使用、多次利用；
- 分類回收、循環再生；
- 保護環境、萬物共存。

第5節 懷揣一顆無私的心，合理利用公共資源

凡是到了澳洲的人，都無法不讚嘆那裡的優美風光和潔淨的環境。澳洲優美的生態環境的確令人傾倒，這是一個非常重視合理利用公共資源的國家，這對其保持生態環境有很大的幫助。

旅居澳洲的辛小姐，剛到這個國家的時候經歷了一件事，讓她對保護資源的認識有了更深的體會。她和幾個朋友一起到商場去買東西，那是個很大的商場，有一個很大的停車場，停車費是三小時一元澳幣。由於商場很大，再加上女人購物喜歡走走停停，這裡看看、那裡望望，早已把時間忘得一乾二淨。當她們拎著大包小包的東西回到停車場，那裡的車輛管家卻要向她們收取7.70元澳幣的停車費。辛小姐不解，那個車輛管家向大門口的車輛暫停規定一指，只見那上面清清楚楚地寫著：三小時1元、三小時至四小時2.5元、四小時至五小時7.7元，五小時至六小時18.7元；如果再繼續往上每小時最多收11元澳幣。辛小姐才明白，總之就是時間越長收費越高啊。

在回家的路上她和朋友討論，這樣的收費方法是否合理，朋友說這是為了盡量保證公共資源不被浪費。由於澳洲風光秀麗，旅遊業開放，遊客人數很多，給當地環境造成了破壞，所以澳洲政府規定對風景區、旅館、商場、停車場等公共資源不許浪費。澳洲隨處可見的大片綠地、公園和步行街，之所以能夠保持著原始的形態和地貌，而沒有修建成停車場、商店或酒店，成為賺錢

的工具，是因為有政府嚴厲的措施和公眾自覺的意識。也正因為如此，澳洲的天空才會那麼藍、草那麼青、樹木那麼蒼翠，成為世界各國遊客嚮往的旅遊勝地了。

澳洲政府認為，有效利用商品的最佳途徑就是要做到「一分價錢一分貨」，無論是針對水、能源，還是公共場所。包括倫敦、新加坡等世界各地的一些著名城市，目前也採取了交通擁堵費制度，試圖透過向使用城市交通最繁忙路段的司機收取費用，以減少汽車的使用率。

城市中的街道如此擁擠，交通總是阻塞，能源過度消耗，都與人們不加節制地無限浪費公共資源有很大關係！懷揣一顆無私的心，合理利用公共資源，也是關愛環境的一種環保善舉。

路怒族——汽車社會的副產品

你在路上開車時，有人在後面朝你猛按喇叭嗎？你或許認為這是個人品行素質問題，其實這很可能是「路怒症」的症狀。

「路怒」一詞是形容在交通阻塞情況下開車壓力與挫折感所導致的憤怒情緒。脾氣的猛烈發作，在醫學上歸類為「陣發型暴怒障礙」。多重的怒火爆發出來，激烈程度常叫人大感意外，比如路怒症發作的人經常會口出威脅甚至傷害他人。

路怒族是汽車社會的副產品。除了交通堵塞外，工作生活壓力、個人性格特質等都是路怒症的潛在因素。這其中更多的還是心理問題。醫學專家建議，路怒症病情較輕者可透過自我調節的方法治療。在過於激動或者心情不好時不要駕車。越是輕易情緒化的人，越應注重開車時的心理平衡。

第6節 低碳一族：為自己的「碳排放」負責

「今天你低碳了嗎？」

這已經成為當今最時尚的一句話。都市裡又出現一個新的時尚群體——「低碳一族」。低碳族的低碳生活方式，是指在生活中盡量節約資源或能源，因為節能減耗，可以降低二氧化碳的排放量。

成為「低碳一族」一點也不難，把家中的燈泡換成節能燈，夏天把空調設溫調高一度；養成「三關」習慣，在不使用的時候即時關空調、關燈、關電腦；減少電器設備待機耗電，印表機、傳真機等辦公設備隨用隨開；購物時攜帶購物袋，不買過度繁複包裝的商品等等。總之，一切可以減少溫室氣體尤其是二氧化碳排放量的行為，都是低碳一族所宣導並身體力行的低碳行動，而且這種時尚的生活方式也得到了社會的鼓勵和提倡。

僅僅過低碳生活還不夠，最環保的方式，莫過於為自己的「碳排放」負責，實現「碳中和」。「碳中和」就是計算自己二氧化碳的排放總量，然後透過植樹等方式把這些排放量吸收掉，以達到環保的目的，這是最新流行的人類對地球彌補過錯的一種環保生活方式。

現在，以綠領為主體的「低碳一族」開始嘗試為「碳排放」買單，購買自己的碳排量。除了家居，人們還可以為開車、飛行和辦公等排放出的二氧化碳買單。網上也開始流行一種有趣的計算個人排碳量的計算器，購買之前，要先計算清楚自己的「碳排放」量。

低碳生活的意義，代表著人們以一種珍惜的態度，更天然、更健康、更環保，返璞歸真地去進行人與自然的溝通。如果說保護地球、保護動物、節約能源這些環保理念已成行為準則，低碳生活則更是我們需要建立的綠色生活方式。低碳生活，對於我們一般人來說是一種要求和態度，我們應該積極提倡並實踐低碳生活，注意節電、節油、節氣，從細節做起。

在國外，一些國家甚至在產品標籤上標明它的碳排放量，做為人們購買時的一個參考標準。低碳生活做為一種環保態度，很多人相信它在未來必定會形成一股浩大的潮流。

低碳生活減碳竅門

- 家居生活中，室內最好走簡約路線，以自然通風、採光為原則，減少使用風扇、空調及電燈的機率。
- 開車時盡量避免冷車啟動，減少怠速時間；盡量避免突然變速，選擇合適檔位，不要低檔跑高速，定期更換機油。
- 辦公充分利用電子郵件、MSN等即時通信工具，少用印表機和傳真機；在午休時和下班後關閉電腦顯示器，能夠將這些設備的二氧化碳排放量減少三分之一。辦公室內擺放一些淨化空氣的植物，如綠蘿、吊蘭等，可吸收甲醛，也能分解影印機、印表機排放出的苯，還能消化尼古丁。

第7節 做生活綠化者才是環保的最終意義

綠色生活曾經被英國一位哲學教授這樣定義：「綠色生活是大自然的生活形態，而不是細節的追求，不是與工作毫不相干，不是混亂的生活中需要設法填補的鴻溝或真空。綠色生活是最完滿、最豐富的生活方式。」

後來，有人覺得這個定義顯得過於籠統，環保主義者又將其具體化為：「『綠色生活』是將環境保護與人們的日常衣、食、住、行的生活，融入一體的新文明、新風尚的生活。」

綠領認為所謂綠色生活，就是做一個生活的綠化者，把環保主義貫徹到細節，無處不綠，無時不綠，這才是環保的終極意義。綠色生活做為一種生活方式，包括了日常生活的方方面面。

聽起來似乎特別難，其實就像我們上面提到很多次的那樣，很多事只不過是舉手之勞，日行一善而已。

環保這個概念很大也很小，說大是因為它和我們賴以生存的整個地球，整個大環境息息相關；說小是因為它落實在我們日常生活的一舉一動，一個微小的舉措，就可以為環保大業盡微薄之力。有人說，有人的地方就有環境污染，這話雖有些偏激，但也的確反映出人們的生活方式將會決定整個生存環境的好壞。

光靠購買一個環保口袋或聽一場環保主題演唱會並不能拯救我們的生存環境，根本的辦法還是要學會將環保養成一種生活習慣。時刻提醒自己並考慮如何恰當地選擇、保護、循環地使用物品，適度消費，減少能源消耗，從不破壞環境，才算是真正的生活綠化者。

在踐行「綠色生活」的人中，最徹底的毫無疑問是俄羅斯富豪斯捷爾利科夫。這位億萬富翁賣了自己的豪宅、房車、遊艇和私人飛機後，帶著家人遷入莫斯科南部的森林中，一家人住在沒有電和燃氣、方圓幾公里內沒有人煙的小木屋裡，過起了「原始人」一般的生活。

捷爾利科夫蓄著大鬍子，穿最樸素的衣服，晚上用蠟燭照明，燒木頭取暖，一日三餐吃自己做的粗茶淡飯，靠養豬、鵝、羊維持生活，出行乘坐馬車，環保到令人難以想像甚至無法理解的地步。當然像斯捷爾利科夫這樣的極端「綠領」是很少的，大部分人追求的是一種相對充滿綠色的生活，生活在城市，但依然吟唱心中的田園牧歌。

環保不是一項技術含量很高的事，也不是項艱苦卓絕的工作，不需要我們都變成捷爾利科夫那樣狂熱的環保追隨者。只要心中有片綠茵，珍愛所生活的這個世界，做點切實的事情，生活自然就會慢慢鮮活，充滿綠色。

二十一天養成綠色習慣

綠領所採取的環保措施用上了心理手段，利用「二十一天效應」改變行為習慣即是其中之一。「二十一天效應」是指，如果人們能在二十一天裡重複某種行為或想法，那麼這種行為或想法很可能變成屬於自己的習慣，這種心理改變行為習慣的方法，對於踐行環保來說特別有意義。

「如果你每天都在使用免洗筷子，吃飯時不停地使用餐巾紙，刷牙洗臉時任由自來水嘩嘩流淌，讓我們花二十一天時間，一起養成一個環保習慣。」這是綠領族提出的倡議。

如果平時努力想培養環保習慣卻總有些力不從心，不妨嘗試一下這種「二十一天效應」，直到養成習慣。

連結：測一測，你有多環保？

這套測試題可以測試你的環保指數，看看你到底有多環保，計分情況如下：

A答案1分，B答案2分，C答案3分，D答案4分。總分數為各題分數累加值。

1、你對垃圾分類怎麼看待？

A、無所謂。

B、贊成，但覺得麻煩，這應是垃圾回收處理部門的事情。

C、贊成，會盡量去做。

D、我家裡早就開始實行垃圾分類了。

2、你對自備購物袋是有何看法？

A、不同意，不方便購物。

B、同意，但覺得比較麻煩。

C、同意，已經開始做了。

D、我一直都是這樣做的。

3、外出時你經常選擇哪種交通工具？

A、自己開車。
B、通常乘計程車。
C、通常搭公車或者捷運。
D、如果不是很遠，通常步行或者騎自行車。

4、你做過環保志願者嗎？
A、沒有，沒有要成為環保志願者的想法。
B、沒有，想成為環保志願者，卻不知道怎麼做。
C、曾經做過。
D、一直是環保志願者。

5、你外出住酒店是否自帶牙刷？
A、從不自帶牙刷。
B、無所謂。
C、多數時候使用酒店的一次性牙刷。
D、多數使用自帶的牙刷。

6、你住酒店時是否要求服務人員每天更換床單？
A、既然有每天更換的床單的服務為什麼不換呢？
B、無所謂。
C、除非不小心把床單弄髒了，否則從不要求服務人員更換床單。

D、從不要求服務員每天更換床單。

7、你開展或參加過環保活動嗎？

A、從來沒有參加過。

B、參加過，但都是在別人的要求和建議下。

C、如果有空我願意主動參加環保活動。

D、經常主動參加。

答案分析：

7～12分：環保幼稚級。

你是個徹頭徹尾的環保白癡加幼稚級人物。你對我們的生存環境的確是沒有足夠的愛心，建議你去上一節環境常識課，惡補一下最初級的環保知識。

13～16分：尚待努力級。

你在生活中頗有環保意識，但要想成為一個熱衷環保的愛心人士還有一定距離，這需要提高自己對環境問題的「糾錯」能力，任重道遠，繼續努力吧！

17～24：環保衛士級。

到了這個程度你已經是許多人稱讚不已的環保衛士了，你需要做的是再接再厲，向環保大使級人物進軍。而且希望你可以感染和帶動身邊的人！

25～28：天外大仙級。

雖然在這個測試中你已經是頂級環保人士了，可是一定要牢記環保是一項生生不息的責任，不允許你有半點鬆懈。

9

樂活
——全球最「綠」的生活方式

第1節 投入地工作，投入地生活

絕大多數現代人不算假期的話，一個人平均一天要工作八個小時，而且，這八個小時，是人一天中最有活力的八個小時。可是，對待這八個小時的態度，人和人卻不盡相同。

工作是生活的負擔？還是人人皆可享受的樂趣？這個問題的答案完全取決於一個人的工作態度和人生觀。

好多事業有成的人在談到自己的成功經驗的時候，都提到他們很熱愛工作的原因，就是為了享受生活。他們發自內心地熱愛自己的工作，從來不認為工作是一種負累，也從來沒有想過要應付了事，他們力求讓結果臻於完美。工作帶給他們挑戰自我、戰勝困難的快樂，讓他們體會到創意和創造的快樂。

提到工作與生活，有人立刻不自覺地將二者對立起來，認為一個努力工作的人不應該有太多的家庭生活。原本應該「朝九晚五」的生活，變成了「朝九晚八、晚九」甚至「朝九晚十」，無限加班，延長工作時間不但對身體健康不好，而且還背叛了生活。

本來我們工作的目的就是為了生活變得更幸福，但是，如果工作必須侵佔生活的時間和空間的話，那絕對是一種本末倒置，得不償失。如果工作整天跟你爭搶時間，你整天為如何解決工作與生活間的矛盾而痛苦，那麼這份工作還是及早放棄吧！

做到工作與生活之間的平衡，主要還是取決於我們自己想要掌控生活的決心與意願。

瑞士人在這方面做得非常棒。「會休息的人才會工作」這句話流行於職場，幾乎被每個瑞士人當成座右銘。他們強調生活不要太緊張，輕輕鬆鬆才是生活和工作的意趣。如何安排每年的休假，是瑞士上班族的頭等大事，瑞士人休假是純粹的休息，不帶手機、不穿套裝，也不悶在家裡，或者上山或者下海，完全換了一個生活環境。

也就是說，瑞士人是把工作和生活涇渭分明地分開的，工作的時候全情投入，工作之外盡情享受生活。

香奈兒女士說，一個女人只有兩種時間，投入工作的時間和談戀愛的時間。我們不妨改一下，一個人應該有兩種時間，全情工作和享受生活。

但是這一點很多現代人做不到。拜先進的科學技術之賜，如今有愈來愈多的人可以永遠與辦公室保持聯絡。在家中甚至在路上也可以查看電子郵件，可以接打工作電話。工作理直氣壯地侵入你的假期、家庭、汽車或浴室，把你原本可以自由享用的美好時光分解成碎屑。

你應該堅定地告訴自己——我現在要把工作的開關關掉了！關掉辦公室的燈，收拾好桌子，確定一天的工作已經結束。把工作留在它所屬的時段裡，向它告別，然後安閒地邁向夜晚或週末。

我們大多數人都是平凡人，但大多數平凡人都想變成不平凡的人，這是讓社會進步的一股奮鬥力量，可是相對地也產生了心理上的壓力與情緒上的掙扎。平凡不等於平庸，不論我們是否能變成不平凡的人，每一個人都應當從工作中得到樂趣，在生活中獲得幸福。工作和生活的和諧，如同生命和健康一樣的珍貴。

化解工作壓力五法

●穿上服貼的舊衣服。

找一條平時心愛的舊褲子穿上，再套一件寬鬆衣衫，心理壓力不知不覺就會減輕很多。穿了很久的衣服會使人回憶起某一特定時空的感受，並深深地沉浸在過去的溫暖中，人的情緒也為之高漲起來。

●每天集中一段時間的精力。

比如今天的任務就是把這份報告做好，那麼其他的事情一概拋在腦後不去想。

●放慢說話速度。

也許你每天要看很多資料和檔案，要應付形形色色的人，說各式各樣的話。那麼你一定要記住，盡量保持樂觀的態度，放慢說話的速度。

●一個月徹底放鬆一天。

唱歌、啜茶、看小說，或者乾脆什麼也不做，坐在窗前發呆，體會內心的寧靜。

●支解壓力。

把生活中的壓力羅列出來，只要你「各個擊破」，這些所謂的壓力，便可以逐漸化解。

第2節 辦公室裡的「綠色」心得

辦公室裡的綠工作，不僅僅是種幾株綠色植物，也不僅是心血來潮節約幾張影印紙，它是觀念的綠化，態度的徹底轉變。

景悅是一個動畫設計師，被同事們稱為「26度美眉」。她每天的工作內容基本就是坐在電腦前製作動畫，一天有九個小時左右的時間耗在辦公室裡，比待在家裡的時間還長。整整一個炎熱的夏季，不管外面的溫度怎麼攀升，景悅辦公室的溫度永遠是26度。

剛開始的時候，同事們都覺得有些不適應，心裡有意見，後來發現她的「綠色主義」遠不止這一項。但除了控制空調的溫度，其他事情她都是自己管好自己，並沒有勉強別人也必須這麼做。事實上卻是在她的感染下，大家都漸漸變得「綠」了起來。

平常和同事之間的交流，景悅能選擇電子郵件或者MSN的情況下絕不會用紙。她認為既然生活在E時代，盡量利用無限的網路資源，就可以減少對其他有限資源的消耗。利用網路傳輸檔，利用光碟來存儲檔，實行無紙化辦公，可以減少紙張的使用，減少傳真機、印表機、影印機的使用。不但節省了傳真費、紙張費、電費、購買墨水匣的費用，而且減少了辦公設備在使用時揮發有害物質。長期在空氣不流通的空調間辦公室裡與這些有害物質共處，必然會對身體健康有影響。

廢棄的圖紙，景悅通常也會收集起來裝訂成草稿本，或者裁成一片片的小豆腐塊，裝訂成便條本，放在手邊待用。

雖然公司的飲水間裡為大家準備了很多紙杯，但景悅從來不用，她的辦公桌上放著一個很漂亮的白瓷水杯，她希望盡自己所能減少對一次性用品的消耗。大多數女孩子包裡都會裝著紙巾，而景悅為自己準備了一塊棉質的手絹，雖然手帕需要經常洗，比較麻煩，但是畢竟紙巾的製造會毀掉大片森林。

像景悅一樣，都市中的大量白領正在透過各種方式與各種途徑向綠領看齊，綠色工作也正在成為一種時尚的工作方式。

辦公室是一個公共的工作場所，有各種辦公設備，是大量消耗能源的地方，所以肯定是一個非常不環保的地方。其實景悅做的這些，每一個上班族都可以輕鬆做得。只要心懷環保意識，就能掀起一場「辦公室綠色革命」！

辦公室裡的身邊環保事

- 辦公室裡的一些設備經常會產生「退休」的電池，廢舊電池一定要放入專門的電池回收筒。
- 辦公室裡會經常收到免費派發的傳單，多是那種紙質厚實、印刷精美的宣傳資料。不要隨手扔掉它們，可以用來黏貼票據，或者折疊成收納盒，存放一些零七八碎的小東西。實在沒有就與舊報紙、舊雜誌、包裝盒、快遞信封、紙袋等一起積起來，賣給收廢品的，使其還能夠得到再次的回收利用。

● 下班後，確認辦公室裡的燈是否都關掉了，一切接通電源的辦公設備的電源是否關掉。要知道電器設備在待機狀態下一樣費電。

● 在辦公室裡如果不得不使用紙杯，也有大講究。喝完冷飲的杯子千萬不能接著喝熱飲，因為大多數紙杯為了保溫表面會噴蠟，超過62℃就會熔化，喝進身體對健康不利。

第3節 綠色運動：小動作燃燒大熱量

為何有人易胖，有人偏瘦？為什麼人和人體重增加的幅度不同？個人代謝能力的不同是主要的原因。但是研究人員經過觀察還發現，體重增加幅度小的人經常做一些自己也無法察覺的小動作，這些小動作對於消耗熱量非常有效，例如有些人坐不住，常常在座位上動來動去，或神伸懶腰；有些人常上廁所，或起身走走；還有一些人常和別人說話等。經過計算發現，這種形式的熱量消耗每天至少可達六百卡。

現代人確實都很忙，不是每一個人都能在一天裡闢出專門的時間來做運動，但也別忘了，並不是每一種健身都需要拿出大量時間。有一些運動，只要有心就可以隨時隨地進行，能讓你在不知不覺中燃燒熱量消耗脂肪。

每天到達公司樓下，常常是順其自然走進電梯，如果能拐個彎到樓梯間爬上樓梯，便能運動肌肉，只要爬樓梯五分鐘，就可燃燒一百四十四卡路里的熱量。嘗試調節走樓梯時的呼吸，也是對心肺的鍛鍊。

我們習慣一進辦公室就坐下，一直坐到下班。如果你能試著站著工作一段時間，站一小時就可消耗三十卡路里的熱量。或者在座位下放一個墊子，不時以站、跪交替的方法工作，並持續至少兩小時。別人嘲笑你的時候，你已經消耗了五十卡路里了，也同時舒緩了脊椎每天受到的沉重壓力。

電腦族常常需要提肩打字和注視螢幕，因此容易出現肩頸痛。在操作電腦一小時後「搖頭晃腦」三分鐘，這種小動作能夠活動頸動脈，暢通呼吸管道，使得累積的疲勞消散開，不易患上辦公室疾病。

上了一天班回家，你也許已經一動也不想動了。然而那些沒洗衣服與沒擦的地板，正是消耗熱量的好動力。每天動手做三十分鐘輕型家務就能消耗三十卡路里的熱量，而且做家務絕對是個全身的運動。

午飯後嚼一粒無糖口香糖，下巴肌肉每小時都能燃燒約十一卡路里的熱量。

久候在銀行、藥店或機場時，站著比坐著每小時多燃燒三十六卡路里的熱量。

不去洗車房，親自動手洗愛車，會額外消耗二百八十卡路里/小時的熱量。

顯而易見，如果你想延長這種熱量燃燒的效果，就需要長期做做小運動，把新陳代謝率維持在一個較高的水準上，脂肪和贅肉自然就消失了。

辦公室必備健康食品

- 蘋果：往辦公室一坐就是八小時，皮膚乾燥、身體缺水，急需健康食品的援助。下午三點，吃個蘋果吧！營養學家認為蘋果的營養豐富全面，一個蘋果可以提供四千至六千抗氧化劑，是機體抗衰老的好幫手。中醫則認為蘋果是性情溫和的水果，適合所有體質的人食用。
- 胡蘿蔔：夏天，即使是隔著落地玻璃窗，在辦公室裡也要留心皮膚被紫外線傷害。平時常備胡蘿蔔，能夠有效補充皮膚營養素。β-胡蘿蔔素能抵禦自由基和紫外線的侵襲是天然的「防曬霜」。

●堅果：在抽屜裡準備一小袋堅果，方便隨時補充有益脂肪酸。

●葡萄：葡萄含有過氧化酶和過氧化氫酶，是非常值得推薦的健康食品。紫葡萄汁與紅葡萄酒中的多酚含量相當，保健作用也相當。這對於不愛喝酒的人來說是個好消息。

●紅棗：紅棗是非常天然的鐵質來源。「每天五顆棗，青春永不老」，辦公室抽屜裡，紅棗可以做為永不間斷的營養供給。

第4節 抵制新潮誘惑，減少電子垃圾

當高科技產品已經越來越多地融入人們的日常生活時，我們卻發覺一邊享受高科技便利的同時，一邊又要面對著升級產品更新換代的誘惑。抵制不住的誘惑帶來的問題是，淘汰後的電子產品該怎麼處理？由此產生的大量電子垃圾誰來買單呢？

電子垃圾主要包括電冰箱、洗衣機、空調、電視等家用電器，以及電腦、手機等通訊電子產品的淘汰品。

提及廢舊家電該怎麼處理時，相信會有不少的人會很茫然。隨著電子產品更新換代速度逐日加快，電子垃圾不僅產生量大，危害也日趨嚴重。電子垃圾如果隨意丟棄或掩埋，大量有害物質會滲入地下，污染地下水源。如果焚燒，會向空氣中釋放大量有毒氣體造成大氣污染。

據保守估計，目前全世界每小時有四千噸電子垃圾被丟掉。一臺電腦含有七百多種化學材料，其中一半對人體有害，一個鈕釦電池洩漏後，可以污染六十萬升水，幾乎相當於一個人一生的飲水量。

在電子產品的更新中，最頻繁的是手機。當前手機已不再是單純的通訊工具，已成為一些人追求時尚的方式。擁有各種賣點的手機一批批的迅速更新，從螢幕、無線上網、數位拍照到MP3，手機每推出一個新功能都會跟隨一個新的「換機時代」。另外，由於價格並不算高，人們

更換手機的理由也越來越隨意了，諸如不喜歡了、不能聽歌、沒法照相、不好看等。

環境專家指出，頻繁更換手機不僅帶來了巨大的資金和能源浪費，還會產生很多電子垃圾。中國每年有兩億塊電池、一億個充電器變為電子垃圾。其中鋰電池、充電器裡面的銅、鋁、塑膠等有色金屬不能在環境中自然分解，會對環境造成極大的污染。

盲目地追趕潮流是不可寬恕的時代弊病，讓可持續消費、適度消費成為真正的時尚消費方式，才是減少電子垃圾的最佳方法。專家奉勸消費者在購買電子產品時不要太隨意了，一己之樂以損害環境為代價，對於人類來說實在是得不償失。

怎樣減少家庭電子垃圾

每個家庭都要消費電子產品。我們最好盡量選擇對環境危害小的產品，對環境危害小的產品總是可以降低環境污染的係數。

在家裡盡量保護電子產品，延長其壽命，讓它們物盡其用。如果家裡有一臺過時但仍然可以工作的電腦，就不應該把它簡單地扔掉，可以把它轉送給需要的人，或者把它做為二手電腦出售。一件電子產品的使用時間越長，也就意味著它越晚變成電子垃圾。那些更新換代速度特別快的電子產品特別適合重新利用，例如手機和電腦，讓它們繼續發揮餘熱總比把它們變成電子垃圾的命運更好。

第5節 做個回收專家，又「綠」又省錢

據統計，一個普通的城市居民，每人每天產生約一公斤的城市固體垃圾，其中只有很少一部分在銷毀之前被回收，大約有85％的城市固體垃圾最後被填埋。

對於家庭垃圾的處理，是一股腦扔進垃圾筒，還是分類整理，令一些還有使用價值的垃圾被成功回收，不同的做法對於環境的影響是有天壤之別的。

做個家庭回收專家其實很簡單，大家可以先從最基本的紙張分類回收著手。

根據一項統計調查資料表示，臺灣的廢紙回收率已達58％，居世界廢紙回收之冠，顯然廢紙回收已經漸漸落實在民眾的日常生活中。

但家裡林林總總的紙張分類，還是會讓很多人煩惱，常因為紙類回收類別不好判斷，下意識地一律揉成一團垃圾桶伺候。環境專家特別提出幾個在紙類回收上，容易出現的幾個小問題，希望能夠在回收的過程中幫助到大家。

第一，含有塑膠成分的紙類不能回收。

生活中哪些是含有塑膠成分的紙類呢？常見的有尿布、衛生棉、海報宣傳紙（塑膠光面紙）等，或是一些摸起來有塑膠觸感的紙類，如蠟紙、複寫紙、貼紙底襯、名片、傳統傳真紙。這些紙都是不能回收的，處理方式只能是打包後交給垃圾車。

第二，有油漬紙類不能回收。

如果紙曾包裹過排泄物或是已被油脂污染，因受限於再生紙張的技術，只能當作一般垃圾處理，比如使用過的衛生紙、溼紙巾、吸油面紙等。

第三，便當盒、鋁箔包需要分開回收。

便當盒、鋁箔包或是包熱狗的錫箔紙，應與其他紙張分開回收，回收前最好略為沖洗。

另外，各類廢紙尺寸大小不一，有大部分家庭會將分類好的廢紙暫時堆放在角落中，不但看起來不整潔，甚至還會生小蟲生細菌。依尺寸分放收納就可以解決這個問題。

不同尺寸的廢紙，依其大小整理，張疊張、盒套盒，大型紙箱拆解後存放，免得佔家裡空間。如果是裝過食品的紙製品，為了衛生，可用淘米水沖洗後再裝入塑膠袋中。

再生紙漿能減少75％的空氣污染、35％的水污染，紙張的分類回收，既能減少砍伐樹木，又能避免污染環境。坐而言不如起而行，大家就從家庭廢紙分類回收開始做起，為我們自己打造一個更好的綠色環境。對家庭來說也能賺取一筆外快，又綠又省錢，一舉數得，何樂而不為呢？

環保小詞典——回收標誌

這幾年在全世界十分流行的循環再生標誌，有人把它簡稱為回收標誌。目前它被印在各式的商品或商品包裝上，在可樂、雪碧的易開罐上你就能找到它。這個特殊的三角形標誌有兩方面的含義：

第一：它提醒我們，在使用完印有這種標誌的商品包裝後，把它送去回收，而不要把它單純地當作垃圾扔掉。

第二：它標誌著商品或商品的包裝是用可再生的材料做的，因此是有益於環境的。

在許多發達國家，人們在選購商品時總愛看一看上面否印有這個小小的三箭頭循環再生標誌。許多關心環境的綠領只買印有這個標誌的商品，因為多使用可回收、可循環再生的東西，就會減少對地球資源的消耗。

第6節 DIY高手變廢為寶，綠色生活有創意

綠領的生活狀態往往非常有趣，有人會為一件看起來很普通卻價格不菲的的棉質衣裙買單，僅僅因為這件衣服是用有機棉製成的環保產品，與此同時卻連一個廢棄的易開罐、一個飲料瓶蓋、一塊半朽的小木塊都不肯丟掉。

他們的理由是：每件東西的生產都是一種資源的消耗，務必使它物盡其用發揮最大的使用價值，才能把人對資源的耗費量壓縮到最低值，實現資源最大化。

格子被朋友笑稱為「小垃圾婆」，因為她的原則是能不扔的東西絕對不扔，能不換的東西絕對不換。家裡的破杯子爛椅子全部被她拿來舊物改造，在她的巧手下，破了的馬克杯可以用來養花，舊椅子拆下木條改成相框，喝完的優酪乳瓶子成了書桌上的筆筒。雪糕棍做的茶杯墊、酒瓶蓋做成的蚊香座等小玩意，在她家更是隨處可見，更令人驚嘆的是，拆下的門板經過打磨重新組裝變成置物架、小茶几、床頭櫃。

不僅如此，在路上看到枯樹枝、舊輪胎，格子都當寶貝撿回家，枯樹枝綁在一起用來吊在陽臺上掛花盆，舊輪胎裡加上厚厚的坐墊成了特殊的沙發……

這種舊物再利用的習慣格子在大學時就養成了。吃剩下的泡麵盒稍作修飾就變成了一個置納盒，吃飯時在同學們每人面前放一個，讓大家裝骨頭、魚刺等垃圾。不穿的舊衣服被她改成各種

置物袋和購物袋，每次去超市，都會很「得意」從包裡掏出自家裝備。

走在校園裡，格子經常會收到各種社團協會的宣傳單，這些紙張一般人都會隨手丟進垃圾箱，格子發動室友收集了很多這樣的廢紙，裁剪裝訂成小本子，再畫一個特別的封面，當作隨身的記事本和考試用的草稿紙，送給同學們，很受女生的歡迎。

綠領族就是這樣，該為環保買單的時候，他們毫不猶豫，不該浪費的時候，一根牙籤也不能隨便丟棄。樂在環保，樂在生活，綠領族在環保DIY上表現的創造力想像力讓人咋舌。

確實，DIY不僅可以給我們平日的生活帶來方便和樂趣，更可以為環境做出貢獻，宣導了環保節約的新風尚。再不起眼的舊物也可以被重新打造，再次煥發價值。親自動手製成一件件實用美觀的生活用品，DIY的過程，也是享受生活的過程。讓我們一起動手，再動點心思，想點創意，做些小小的改造，給生活多創造一些驚喜吧！

簡單DIY購物袋

DIY環保購物袋的布料隨自己選擇，不穿的舊衣服、碎布頭，只要手邊有就可以。

按自己需要的大小裁布，當然大點用起來方便哦，兩片折疊縫起來就好了，在底部車一道線做一個厚度。

然後縫上裡布，裡布可以比表布小一點。還可以盡情發揮智慧，在裡布上做幾個小口袋，裝手機、鑰匙等等小東西。

再裁兩條帶子縫上去就是提手了，最後表面上充分發揮自己的想像力，想畫什麼就畫什麼吧，很簡單吧！

第7節 關閉電器不待機，舉手之勞節約能源

不知大家是否都知道，即使電器沒被使用，但處在待機狀態，電錶還是會「偷偷」地轉。在家居用電中，很多家庭存在一些耗電的家電，其中「待機」問題最為普遍。根據調查顯示，如果電器不使用的時候不待機，平均每個家庭可每天節約一千瓦時電。

現在的電器都具有遙控開關、網路喚醒、定時開關、智慧開關等，擁有這些功能的電子產品都有待機能耗。所以，我們不使用電器時，同時盡量別讓它們處於待機狀態，電器關機後就應該徹底切斷電源，而不要只用遙控器一關了事。要嘛就直接拔掉插頭，或者使用有電源開關的插線板。

在一次社會調查中，調查人員隨機採訪了一些家庭，雖然受訪者大多都知道待機不但耗電，並且長時間待機還會對電器有一定影響，但只有35.7％的人會關機，只有14.1％的人能做到天天堅持。

「即時關機」為什麼這麼難執行呢？既然大家都知道待機耗電會積少成多，造成一定的電力損失和浪費，為什麼「知而不為」？

出現這種「知而不為」的現象，原因不外乎就是三種：首先，認為花不了幾個電錢，無所謂了。第二，輕信某些廠商所生產的電器待機能耗低、可忽略不計的承諾。第三就是認為用遙控器

方便，尤其是躺在床上看電視等情況，懶得再下床走到電器前關掉開關。

有人的說法很有代表性：「用遙控器多方便，待機所耗的電分散到每一天費不了幾個錢。花錢買方便也算值得。」

可是，即使可以不計較費錢，但同時也造成了能源的浪費。其實，只要有算一筆「節能帳」的心思，誰都可以從生活的細枝末節處找到更多節能的高招，杜絕電器待機就是一個很重要的節能手段。自然環境與每個人息息相關，人人的小行動也能改變世界的大環境。

家用電器的待機耗電量

在待機狀態下，常用家電的待機能耗功率分別為：空調3.47瓦，洗衣機2.46瓦，電冰箱4.09瓦，微波爐2.78瓦，抽油煙機6.06瓦，電鍋19.82瓦，電視8.07瓦，DVD機13.37瓦，VCD機10.97瓦，音響功放12.35瓦，手機充電器1.34瓦，傳真機5.71瓦，印表機9.08瓦。

電腦耗電因光碟機、硬碟等配置的不同而不同。處於螢幕保護狀態時不省電；處於待機時耗電10%，待機時只有主機工作，因型號及在系統中設置的待機選項不同功耗在2瓦到35瓦不等；通常，關機狀態下的電腦功耗為：主機4.3瓦，顯示幕1.9瓦，合計6.2瓦左右。

連結：測一測，你是不是「樂活族」

生活品質最主要的是取決於生活的觀念。「樂活」算是全球最in的生活方式，只有你自己才能決定你的生活方式，沒有任何人能代替你決定。讓我們來作一個小測試，看看你是不是「樂活一族」，你只需用「是」或「不是」來回答這些問題：

1、我選擇在這個地方居住的主要原因，是因為它為我提供了一個有益於健康的、身心愉快的環境。

2、我的家庭生活安排可以為我最大限度地提供舒適和快樂。

3、從不用安眠藥，我入睡無困難。

4、我居住的地區氣候條件有利於我的健康。

5、我工作和生活地區的空氣污染在安全限度之內。

6、我生活中的各個方面，如工作、娛樂、進餐、睡覺和鍛鍊，都有能保持和諧與平靜。

7、我的性生活健康、品質很好。

8、我十分熱愛自己的工作，總是盼望著去工作。

9、我喜歡我的家庭生活，在工作結束後盼望快點回家。

10、我很少有煩悶、消沉、寂寞和灰心喪氣等情緒。

用下面的方法給自己評分：對每一個「是」的答案給五分；對每一個「不是」的答案給十分。

如果記分沒有超過五十分，說明你的生活方式比較健康，身心都很舒適；超過五十分，表示你必須認真地改變你的生活方式，以免給未來的日子引發不良影響。

10

心境
——綠領標本是快樂的藍本

第1節 擁有純淨的心靈才能擁有純淨的生活

該選擇一種什麼樣的活法？成為越來越多的人思考的問題。

生活品質取決於經濟條件，這恐怕脫胎於人們的固有觀念。然而綠領卻認為，生活品質不僅僅取決於經濟基礎，更主要的是取決於心靈。

實際上，綠領所代表的生活方式已經從物質轉移到精神，提醒我們在繁華都市裡不停奔忙的同時，駐足關注一下自己的生存狀態。

綠領中有一個流行詞——純淨。與純淨相對的是繁複、繁瑣、鋪張、雜亂等，可見，純淨並不單純是簡單的意思，它涵蓋的內容更充實、更形象、更有動感。

人生在世，我們的生活原本很簡單，日出而作，日落而歸，辛勤的勞動，和諧的生活，人類就這樣度過了千萬年。而現代的人們，生活卻逐漸由純淨走向了繁複——生活程式上的繁複，生活態度上的繁複、心態上的繁複。這種繁複的活法，使人們逐漸開始追逐享樂，追逐華而不實，追逐奢侈……

回歸純淨生活，是一種理智的生活態度，一種豁達的人生態度，一種健康向上的心理。說白了，純淨生活就是不為名利所累、不過分追求物質享受，做到心胸豁達、心態淡泊、寵辱不驚。

有很多人總感覺活得太累，心累比身體上的累更甚，總想出去躲一躲，暫時逃離這個世界。

根本原因就是想事想得複雜了，做事做得複雜了，把世界看得複雜了。

不可否認，經濟狀況當然是決定生活品質的主要因素，但絕非是決定生活品質的關鍵因素。問題的關鍵是我們能否文明科學地消費，充分享受綠色生活帶來的樂趣。當有些人還在追求名牌轎車、山珍海味帶來的虛榮和奢華時，綠領在嘲笑他們的落伍。搭乘大眾運輸工具、吃綠色有機食品、穿棉麻天然織物、使用二手貨品才是綠領認可生活方式。

不是用擁有物質的多少，而是以一種健康的生活態度使自己快樂。綠領區別於其他人群的心態和生活方式，表現出他們獨特的價值觀：把生態與身心健康放在名利之上。

因為這種理想，註定只有回到最自然最純淨的生活狀態，綠領才能有相知的喜悅。

令人高興的是，很多人開始追尋與實踐這種純淨的生活方式，這種新的「活法」能夠保證人類健康、快樂而可持續地發展，讓許多人找到了真正優良品質生活的真諦。

純淨生活的綠色箴言

● 控制購買慾。

如果你能控制或擺脫一個物質主義者的消費習慣，你會很少對某些東西感到狂熱。這條箴言令你大可避免淪落為一個物質主義者和消費狂。

● 釋放自己的時間。

多抽出時間做對你而言重要的事情，少一些沒用的雜事，騰出時間做最喜歡做的事情；花時間和自己愛的人相處，還能在生活中找出幾件比這更甜蜜的事？

● 擁有獨處時間。

獨處使你內心平和，真正安定平靜下來。

● 開慢車。

有人在駕駛時總是氣急敗壞地按喇叭催促前面的人。把車速放慢不僅可以使你出行更安全，為你節省汽油，還可以使你的內心不那麼煩躁。

● 活在當下。

這句話對綠領生活意義非凡。活在當下可以保持你對生活的敏感度，靈敏感知自己的成長和內心變化，使身心受益匪淺。

● 使生活條理化。

很多時候我們的生活毫無條理的原因是，我們對生活從不加以規劃。

● 過有規律的生活。

簡單規律的生活節奏是簡化生活的關鍵。

● 保持鎮靜狀態。

如果一件小事就使你倍感惱怒和煩躁，你的生活就不會「綠」了。學會釋放，保持鎮靜的狀態。

第2節 零度壓力：慢一點，人生才會更從容

艾妮辦公桌前面的隔板上，永遠都貼著一張工作計畫表。三天之內所要處理的工作，被她清楚和詳細地羅列出來。她會每天重寫一張，將能想到的計畫補充上去，哪怕是晚上突然想起來的，她也會趴在被窩裡將計畫寫完。

艾妮在每天早晨一進辦公室的時候，將正在考慮與自己合作的客戶的電話通通打一遍，儘管前一天下班前，已經跟所有的客戶都電話溝通過了。如果是朋友打來電話，她總會不停地說：「我很忙，太忙了，有時間再打給你。」而沒有幾個朋友能等到她的電話，之後她往往會忘了打。到了週末，艾妮也許會偶爾留出一點時間給自己和朋友，朋友問她為什麼老不接電話，她還是那句老話：「我忙死了！」聊不了幾句，艾妮鐵定要把話題扯到工作上，問朋友能否給自己介紹幾個客戶，通話或者聚會總會在她的這種「工作式聊天」中不歡而散。

好不容易有個假期，艾妮本來計畫要好好休息。可假期第一天她就覺得心神不寧，撫平這種躁動情緒的最好方法，就是在每晚睡覺前流覽工作計畫表。

最後艾妮只好去看心理醫生，「放鬆是一種什麼狀態，我反倒不記得了。一旦沒了壓力，生活好像也就沒了意義，覺得自己好失敗好沒用……」艾妮這樣說。

像艾妮這種被湮沒於重重任務之中不能自拔的症狀，心理學家稱為「壓力上癮症」。壓力之

所以會讓人「上癮」，是源於壓力的「魅力」，人們都渴望「被需要」的感覺，為了讓自己的存在顯得更加重要，人們總是把日程表排得滿滿的，並樂此不疲地籌畫著下一個工作計畫。如果讓「壓力上癮」一族放鬆下來，好好休息一段時間，他們心裡就會產生一種罪惡感。即使找不到壓力的理由，他們也會沒事找事，把小事誇大，使之升級到「高度緊張」的狀態，給自己製造壓力，否則心裡就會產生空落落的失落感，好像自我價值沒有得到充分實現。這樣的人認為做得越多，代表著人生就越成功、生命就越有價值。

沒有人能夠在壓力之下活得輕鬆愉快，長期生活在壓力之中，身心健康必然會為之付出代價。

那麼，這種壓力上癮症該如何緩解呢？

一般認為，壓力只是來自於外部世界，其實壓力往往更多源自自己內心。首先我們得明白，即使你停下來，世界仍然安然無恙。當你意識到自己壓力成癮的時候，不妨立刻放下手上的工作，給自己幾分鐘的時間，心中默唸「我不做，看看能把我怎麼樣」。幾遍下來，你就會發現，情況並不像你想像的那樣糟糕。

杞人憂天也是產生壓力的一種心態。巨大的壓力往往來自於把一些遙遠或是次要的事情都搬到眼前，而且逼迫自己快速做完。比如下個月出差需要的材料，非要在今天晚上準備齊全嗎？

誰都不能保證自己從不失敗。如果不能坦然接受自己的失誤，永遠也就無法停止給自己施加壓力。其實失誤或者失敗，與快樂、成功一樣，都是心靈的收穫。

學著幫自己放鬆，重拾被擱置已久的愛好，結識新朋友，陪家人出去郊遊度假，讓自己的生活豐富多彩起來。

再強大的人也要學會傾訴，讓關心自己的朋友為自己分擔一些煩惱與憂愁，才不至於讓自己孤身在壓力的泥沼裡越陷越深。

釋放壓力的「綠」通道

- 找到適合自己的情感宣洩方式。

無論是寫作、繪畫、跑步、跳舞、游泳，還是其他什麼愛好，我們需要情感的宣洩，找到這樣一種方式會令生活變得更加充實。

- 簡化目標。

與其同時定下很多目標，看起來徒增壓力，還不如只定一個目標。這樣使你更容易成功。人如果集中全部精力在唯一的目標上，會加大成功的砝碼。

- 一次只做一件事。

試圖同時完成很多事情的人，只會比別人更加緊張焦慮，做事反而沒有效率。因此，每次只嘗試專心完成一件事情。

- 簡化檔案系統。

把檔案一堆一堆的疊起來並不會起到什麼作用，翻找起來更費時間，真正奏效的檔案系統才會幫到你。

- 遠離廣告。

廣告的本質就是用來激起人們消費的慾望。減少接觸廣告的機會。不管是印刷品，還是電視裡的，或者網站上的，有助於保持淡泊心態。

第3節 培養二十種習慣，快樂不是奢求

「我們的生活有太多不確定的因素，你隨時可能會被突如其來的變化擾亂心情。與其隨波逐流，不如有意識地培養一些讓你快樂的習慣，隨時幫助自己調整心情。」這段話是美國心理學博士凱倫．撒爾瑪索恩女士說的，她同時也是暢銷書籍《如何快樂》的作者。

美國的一家調查機構在全世界二十二個國家調查人們的快樂水準，結果顯示，他們自己的快樂水準最高，有46％的美國人對自己的生活感到快樂；其次是印度，37％的印度人活得樂呵呵的；而只有9％的中國人覺得自己活得快樂，位列榜尾。

心理學家建議，在生活中培養一些有趣的習慣，會幫助你收穫快樂。習慣成自然之後，快樂也會變得恆久。

1．每天拍幾張照片。

每天用相機隨手拍下一些身邊的人和事，如窗外的樹木、風中搖曳的小花、路上的可愛寶寶和朋友的婚禮。將這些隨時可能被遺忘的片段紀錄起來，當你看這些照片時，你會覺得所有的細節都是美好回憶，沒什麼可抱怨的，於是人會很容易變得快樂起來。

2．欣賞一部傷感的電影。

看一部令人傷感的電影，情難自禁時，不妨放縱自己放聲哭一次，然後安慰自己說，還好只

是看電影，並不是真實的生活，心情便會有很大滿足和改善。這是一種逆向思維，常被專家運用在心理學中，幫助人們換角度思考問題。

3．在閒暇的週末清晨賴個床。

不少人會從星期六一大早起床開始，就馬不停蹄地做家務。這樣的習慣常常會讓人在星期六晚上疲憊不堪，並影響到星期天的睡眠。不妨暫時拋開那些瑣碎的家事，不要急著起床，在週末的清晨做一個美美的白日夢。不要自責，而應鼓勵自己說：「我工作那麼辛苦，揮霍一下自己的休息時間又能怎樣？」

4．與老朋友以郵件的形式保持聯絡。

有記日記或寫部落格習慣的人，只是隨手塗鴉或草草地寫上幾句，便能反映出潛意識中的心理狀態。寫郵件也是如此，定期與朋友通郵件，聊聊最近的生活，能幫助你放下心中的負擔。

5．到水邊散散步。

人類與生俱來就是親水的，因為人類在胎兒時期便置身於羊水。在水邊散步，能有效地幫助人放鬆身心，即使煩惱再多，在有綠樹有流水的自然環境中，你也能暫時拋開一切，為自己「偷」得浮生半刻閒。

6．偶爾吃一頓美餐。

吃一頓美食的美妙之處在於，不僅能享受到美味可口的食物，還能讓你感覺自己受到了特別禮遇。人在受到與別人不同的照顧時，心情會不知不覺地變好。我們在童年都可能有類似這樣的感受：當父母特意為你買了一個漂亮的碗，你會高高興興地吃下比平時多的飯菜，即使不愛吃的食物也變得「美味」起來。

7．每週修飾一次指甲。

當看見自己手上又長又髒又難看的指甲時，沒人會有好心情。每星期精心修飾一次指甲，不僅能讓你的手看起來更加整潔、漂亮，還能產生「一切盡在掌握」的滿足感。

8．多參加集體聚會。

雖然獨處也是調節心情的方法之一，但是不要吝嗇自己的休息時間，分出一部分給集體活動。登山、郊遊、野餐、party、同學聚會……鼓勵自己積極參加集體活動，你會在共同的玩樂中找到讓自己堅強、平和的力量。

9．堅持游泳。

游泳是一種非常消耗體力的運動，但這種讓人精疲力竭的運動方式，能讓人擺脫煩惱，身心舒展。選擇一個人去游泳也不錯，被水包圍撫慰，再糟糕的心情也能被融化。

10．偶爾體驗浪漫情調。

挑一家環境幽雅的咖啡館，帶上一本最讓你感興趣的小說，選一個靠窗邊的座位，手握一杯咖啡，邊喝邊讀……是的，這是電影裡常常出現的鏡頭。但那又有什麼關係，體驗一下電影中才有的浪漫鏡頭，得到真實的放鬆和享受才是最重要的。

11．一邊開車，一邊放歌。

心情不好時，打開車上的收音機，調到較大音量，隨著播放的旋律大聲歌唱，完全不看別人投來的異樣目光。也許這樣的你在別人眼中有點傻乎乎的，但這確實是一種讓人快速釋放心情的好方法。

12．給朋友寄賀卡。

挑選幾張別緻的卡片，放在包中隨身攜帶，在等公共汽車、排隊結帳、等人時，隨手拿出一張寫上隻字片語，如「想你」、「願你心情好」、「一定要幸福喲」、「想起過去的日子」等等，然後郵寄給你的朋友。當所有的卡片都被一一寫完並郵寄出去後，一想到朋友們收到卡片時的驚喜表情，你會露出發自內心的快樂笑容。

13．在每個星期一的早晨，給自己選一身色彩輕快的衣服。

14．不怕發胖，偶爾吃一份最昂貴的蛋糕或巧克力。

15．一邊洗澡，一邊唱歌。

16．一邊打電話，一邊信手塗鴉。

17．不要為了好看而忽視衣服的舒適度，穿讓你感覺最舒服的衣服。

18．偶爾有夜生活。

19．經常吃點堅果。

20．每天早晨對著鏡子微笑一下。

快樂環保

許多人覺得，看起來很美的環保生活卻需要從自己的受限制開始，這當然讓人覺得過起來不美。的確，如果環保生活是快樂的，興之所至，也就很容易形成習慣了。

快樂來自哪兒呢？一是自己的喜樂標準，二是周邊的回饋。環保生活是先進文化的代表，所以對環保生活的好壞，大家都心知肚明，因此克服自己的習慣也許還容易一點，就怕跟周圍人一比，覺得吃虧了，也就放任自己了。所以，要有快樂環保生活，首先不要用別人認為的標準來衡量，而要時時如高僧悟道般樂於獨善其身，畢竟是先進生活的代表，總要在觀念上超前一點。

另外，不同的人有不同的快樂方式，每個人就都能從自己的角度發現乃至創造環保之樂。這樣，在美、樂的同時，環保行為就不再是清規戒律，這個創造的過程本身是驕傲的，所以也是快樂的。

第4節 不做工作狂，生命在透支中更顯疲憊

一個星期有七天，有人幾乎天天忙於工作，幾乎沒有週末。而另有一些人，別說週末，只要不是在八小時之內，絕對不去理會與工作有關的任何事。那麼，你想做哪種人呢？是主張工作與生活嚴格分開，還是工作即生活？

隨著工業革命的進行，從英國開始，許多人離開傳統的手工作坊走進工廠。他們從此就離開了自然的工作狀態，開始長時間高強度的辛苦勞作，這種生產方式後來逐漸在世界各地得到推廣。如今，他們的後代不僅繼續著這種工作模式，還有所進步——所謂進步在於我們已沒有了他們當初被塞進工廠的那種怨尤，而是在輿論的誘導下學會興高采烈地全身心投入工作，忘掉自己！

我們這麼做不是沒有理由，這個社會太讓我們覺得值得依賴了。對抗貧窮饑餓與疾病都需要財富，安全感的缺失像一個巨大的黑影籠罩在我們心頭，潛移默化地改變著我們的人生觀價值觀，我們開始做工作狂，全身心投入工作忘掉自己……

叔本華說過一句名言：「一條腿站在時代裡面，另一條腿應站在時代之外。」我們身處什麼時代裡是無可選擇和逃避的，但我們應將另一條腿站在時代之外審視。如果我們全盤接受了這個時代的思想觀念，它的弊病自然無一例外地傳染到我們身上，影響我們生命和生活的品質。時代

是無限的，人生是有限的，人生的畫布面積有限，重要的是將畫筆牢牢地掌握在自己手裡。我們需要工作，需要財富，同樣也需要生命的激情和感動。

綠領始終認為，工作是工作，生活是生活，兩者應該盡可能地區分開來。倘若混淆不清，讓工作佔去大部分生活時間，鐵的事實證明絕對弊大於利。

工作何其多，完成了A任務，還有B、C、D任務……何時是個了結？況且，有些工作不能脫離團隊配合而孤軍奮戰，你廢寢忘食，勢必連帶著同事們陪榜。如此聯動的結果，將使他人被迫地陪伴你犧牲休息的權利。偶爾為之，尚可接受，形成慣性，豈不惹來一片怨聲載道，誰願意天天與工作狂為伍？

除非情況實在特殊，否則下班之後即應轉換角色，盡享生活樂趣。如果你是管理者，除非工作任務十萬火急，否則，不但不要強求下屬加班或帶把工作帶回家，自己也不要搞疲勞戰術連續作戰。文武之道，一張一弛，會休息才會工作，會工作才有效率。延長工作時間是笨人的事倍功半的笨辦法，工作效率與工作時間未必成正比。摸索工作規律，總結工作方法，尋求高效率品質完成工作的有效途徑，方是智者。

學會給辦公時間減肥

也許你說，你也不想做工作狂，但你常常感到困惑，工作時間被大事小情拖住，下班後，才發現還有更重要的工作排隊等候，只好開始暗無天日地加班。這時候，給辦公室時間減肥，成為你的當務之急。下面幾招，保你擺脫加班的泥淖：

● 充分利用電話的留言功能。

辦公電話、手機鈴聲此起彼伏，而老闆還急等看你的銷售報告，身處硝煙彌漫的職場，是拿起電話敷衍，還是快去快回接受老闆召見，回來再聽電話留言？

工作緊張時刻可直接將手機轉到祕書臺，或委託助理進行紀錄，忙完後查看留言即可。對毫無意義的電話盡可能簡潔解決。遇到糾纏不清的人，更沒必要浪費自己的腦細胞和寶貴時間。

● 一個整潔的電腦桌面。

有人習慣把經常用到的檔案、郵件存到電腦桌面，為的是使用方便。可是著急時偏偏找不到要用的那個。就像一張乾淨的辦公桌可以節省你尋找檔案的時間，一個整齊的電腦桌面也能節省辦公時間，避免滑鼠在檔案中突圍的煩躁心理。而且，桌面上儲存的東西太多還會延長電腦啟動的開機時間。

三不五十清理一下電腦桌面，不急用不常用的保存到分類資料夾，用過的拖進資源回收筒，剩下的自然都是即將要用的檔案，一目了然，清晰有序。

● 放棄筆記電腦。

大街上每天背著筆記型電腦行色匆匆的人可不少見，一個幾公斤的筆記型電腦整天帶在身邊，不僅心理上背負壓力，連身體也要做苦力，實在該問問自己是否一定需要須臾不離電腦？

不要再背著筆記型電腦上下班，需要的資料可以透過USB儲存或者網路傳遞。如果實在不放心，把重要的資料在家裡電腦做個備份，你會發現包裡只有一部手機、一個錢包的感覺原來是如此的「生命可以承受之輕」……

● 在和其他部門協作時找對關鍵人。

一件事情的成功，需要工作團隊中許多人的共同努力，如果工作中需要其他部門的協作，在合作過程中要抓住部門管理者，將需要協作的細節與他溝通，才能節省時間提高效率。

第5節 綠領修養：閱讀永遠是最好的思想旅行

錢鍾書在《圍城》裡寫，方鴻漸到張小姐家去相親，因為好奇而想看看張小姐看的是什麼書，發現竟然是「如何抓住他的心」一類，不由一笑。若要想瞭解一個人，從他讀的書入手，是斷然錯不了的。在這個意義上，一個人的書架，也彷彿代表著他的精神隱私。

閱讀仍然是這個時代最美麗的精神體驗。少看點偶像劇、兇殺恐怖動作片，多看點有一定深度的東西，安靜下來讀一些書，才是這個時代的綠領修養。

二十七歲的洛洛每個月都要去一、兩次圖書館，按時借按時還，這個習慣已經保持了三年。按說在網路時代，圖書該是受衝擊最大的一個領域，網路海納百川，想讀什麼書滑鼠一點應有盡有，安坐家中高床軟椅就可閱盡天下，圖書館似乎顯得麻煩又過時。可是，「書非借不能讀也」倒也不完全是一句空談，對於讀書來說「來日方長」可不是一句好話，畢竟書的價值是體現在讀而非買的過程中。現代人在職場上以不同的面具示人的同時，也渴望以一種方式來找回自我，去圖書館的人或許都是寂寞的，但躲到那裡自成一隅，在喧鬧的都市叢林中覓一處靈魂淨土，也是一種心靈的回歸。

都市生活中大多數人都把閒暇時光奉獻給了商場、酒吧，或者其他消遣。如果一個人的週末是花在逛圖書館上，想必會引發驚嘆，現如今還三天兩頭往圖書館跑的人，應該都像洛洛一樣，有一顆沉靜的心。

三十五歲的凱倫每週都會去逛書店，她把這稱為「泡店」。儘管和買衣服化妝品相比，她花在買書上的開銷並不算多，但她堅認自己是一名合格的書店「站客」。凱倫在學生時代買書很多，但工作後，手頭的錢寬裕了，反而在買書方面冷靜了許多，在書店站上三、四個小時後，還常常空手而歸，因為「書越來越多，但好的書越來越少了」。凱倫覺得自己每次逛書店都像大浪淘沙，不過不管淘得到淘不到，至少心裡會覺得非常充實。

其實，像凱倫這樣的書店站客並不鮮見，在很多愛書人的眼中，逛書店這件事彷彿一場非常浪漫和有情調的約會，在書店可以聞到紙墨飄香，可以和書肌膚相親，可以瞭解到最近的流行風尚和大家的關注點，如果再碰上一些有情調的書店，去書店就成了一趟旅行，一次身與心的完美體驗。

總之，買書也好，看書也罷，無形中，愛書人的心裡已經有了一個關於書的祕密約會。書店裡有網路閱讀永遠無法替代的真實。一個人如果要想變得有內涵，就必須得帶點書卷氣。書籍薰陶出來的魅力，帶著智慧的光芒，所以永不褪色。

關愛孩子的環保書

現在很多年輕的爸爸媽媽都很重視寶寶的早期教育和智力開發，買來幼兒書為孩子啟蒙。但是寶寶玩耍時喜歡撕書、咬書，一直以來是讓父母很頭疼的事情。

在一些嬰幼兒用品商店，銷售一種撕不爛、咬不破的環保書，很受年輕父母歡迎。

這種「撕不爛」的幼兒書經過特殊塑封處理，還有一種採用特殊的布質材料縫製而成，封面和書頁裡印有精美的圖案。

「撕不爛」的布質幼兒書只有幾頁，內容以色彩豔麗的圖案為主，文字很少，雖然價格要比普通書籍高出一些，仍然很有市場。爸爸媽媽選擇的原因是「撕不爛」的布書結實耐用，寶寶可以一直玩，不用擔心傷到嘴巴。而且這種布質書籍經過特殊處理，非常環保。

第6節 欣賞別人，悅納自己：一種綠色的生活智慧

清代筆記《吳郡景物記麗》中有一首民謠：「做天難做四月天，蠶要溫和麥要寒；秧要日暄麻要雨，采桑村姑盼晴乾。」

做天難，做人也難。恐怕從老天爺到人間的平頭百姓，都難免有這樣一嘆吧！

人的一生肩負著多種角色：做人家的父母人家的兒女，人家的老公或者人家的老婆，人家的下屬人家的上司……有些事情，無論怎麼用心處理，無論多麼八面玲瓏，也難以做到人人都滿意，人人都痛快。連老天爺都照顧不到每一個人，所謂眾口難調，不就是這個道理嗎？

所以，大家都說做人比做事更重要！做人要有自己明確的原則，只有堅持原則，與人交往溝通起來才會有方向感，才會更清楚自己到底應該做什麼，怎樣做。無論與誰打交道，在交際中要始終保持自己的原則和主見，不要企圖討好每一個人，那是根本做不到的，反而會把自己弄得疲憊不堪。

做人要學會欣賞他人，但同時也要悅納自己，勇於接受自己的不完美。事實證明，越是過度在意別人的看法，越會對自己喪失信心；越在意別人怎麼想，越容易對自己不滿，使自己的缺點變成嚴重的心理負擔。

太在意別人怎麼想的人，心理壓力總是超級大。每天面對著周圍十目所視、十手所指的壓

力，總覺得別人時時刻刻都在盯著自己，注意著自己的缺點或疏失。長期以往會使得一個人產生退行心理，失去積極主動的活力。更嚴重的是，過分在意別人的評價，往往會對事情淪喪清醒的判斷，容易在別人的迎合中做出錯誤的決定，或者在別人的口誅筆伐中潰不成軍。這樣的人無法堅持自己的判斷，沒有主見，最後會像抬著驢走路的祖孫倆一樣愚蠢盲目和無所適從。

當然在交往中，必須瞭解別人會怎麼想，那是一種人際互動。但如果太過介意別人的想法，就會屢屢失去展現自我的機會，在心裡結出一個死結，而這個心結將成為壓抑創意甚至破壞健康的元兇。

拿得起，放得下，這才是做人最佳的綠色境界，雖然做到灑脫不是人人都能做到的，然而為人為己，最好還是如此要求自己，灑脫一點，再灑脫一點。

愛自己是對自己的一種認可

悅納的意思是同意接受，是一種開放、主動的積極態度。悅納自己是對愛的一種認知。悅納所充滿的，是對自己的信任和對自己的愛。當人學會愛自己時，益處是很多的。

如果你想要更快樂的話，自我悅納就是走向快樂的重要一步。實在無法想像，如果一個人接受自己都很勉強的話，他能快樂到什麼地步。要知道，厭惡和幸福兩種感覺是無法並存的。

雖然每個人都不可能是完美的，都會有自己想要改變的地方，但這並不代表它就一定是「錯」的。就好像，好看的眼睛是你的，難看的鼻子也是。

第7節 熱愛生活，追求幸福：善待自己也善待世界

為數不少的人認為，幸福是一種抽象的感受，無法具體準確地描述。而美國有一家科研機構，把幸福做為研究目的進行研究，得出的結論是：幸福與年齡、性別和家庭背景無關，幸福感主要來自於輕鬆的心情和健康的生活態度。此機構的研究者們透過對感覺幸福的人的研究，總結出十條在生活中令自己幸福的祕訣，而這十條祕訣的宗旨都指向——善待自己也善待世界：

1．停止抱怨，不怨天尤人

實際上幸福的人也沒有比其他人擁有更多的好運，他們幸福感充足是因為他們對待生活的態度不同，他們從不在「生活為什麼對我如此不公平」的問題上長時間糾纏，而是努力去解決問題。

2．不迷戀安逸的生活

令一些人感到不解的是，越是安逸的生活有時越會磨滅幸福感，幸福有時是脫離安逸才能體會出來的感覺。幸福的人能做到勇於離開自己感到安逸的生活環境，從不求變的人因為缺乏豐富的生活體驗，所以難以感到幸福。

3．感受朋友的關愛

深厚真摯的友誼能夠讓人感到幸福，幸福的人幾乎都擁有團結他人的天賦。

4．專注和投入地工作

科學研究者發現，工作能發掘人體潛能，專注於某一項活動能夠刺激人體內一種荷爾蒙的分泌，這種特殊荷爾蒙讓人處於一種愉悅充實的狀態。

5．減少接收負面消息，不對自己進行不良心理暗示

少接收些有關災難、謀殺或其他可怕的負面消息，幸福的人都對世界保持著一份美好樂觀的態度。

6．樹立目標和理想

有目標的人才能清楚地知道自己為什麼而活。沒有目標怎能談到幸福？

7．任何情況下都能給自己力量

幸福的人不會因挫敗而感到沮喪，他們甚至能夠從恐懼和憤怒中獲得動力。

8．過清晰有序的生活

有條不紊、整齊而有序的生活能讓人自信，也更容易感到滿足和快樂，反之則容易沮喪和灰心。

9．愛時間，珍惜時間

幸福的人很少有被時間牽著鼻子走，忙亂不堪的緊張感覺。

10．**懷揣感恩心，懂得感激**

因為對生活有一份感激之情，所以才能感到幸福。

怒火消除法

這個令很多人平息怒火、獲益匪淺的「怒火消除法」，是由美國心理學專家唐納．艾登推薦的：

● 深深地、平靜地呼吸，讓氧氣充滿整個肺部。與此同時，舒展四肢，令身體盡量處於放鬆狀態，十分鐘後，你會發現怒火在逐漸消退。

● 口氣篤定地對自己說：「我要冷靜」或「一切都會過去的」，重複說十至二十次。

● 泡個熱水澡，最好在浴缸裡滴幾滴被西方人稱為「快樂使者」的迷迭香精油。

● 回想一件以前曾讓你感覺愉快的事，時間長度不限，比如去年的野營或昨天的美餐。回想時把食指指尖放在額頭上，大拇指按住太陽穴，平靜地深呼吸。只需短短幾分鐘，大腦皮層上的神經細胞就會被快樂情緒所感染！

連結：測一測，你的心態是悲觀還是樂觀

你是一個樂觀主義者還是悲觀主義者？你在生活中擁有健康的心態和平和的心境嗎？想知道的話，請做一做下面的測試題。

1、如果半夜突然有人敲門，你會以為那是壞消息，或有麻煩發生嗎？

2、你常隨身攜帶安全別針或一條繩子，以防萬一衣服或別的東西壞了嗎？
3、你曾經跟人打過賭嗎？
4、你曾夢想中彩票或突然繼承一大筆遺產嗎？
5、你出門的時候，身上經常帶著一把傘嗎？
6、你把你的大部分收入用來買保險嗎？
7、度假時，你曾經沒預定旅館就出門了嗎？
8、你覺得大部分人都很誠實嗎？
9、度假時，把家裡的鑰匙托給朋友或鄰居保管，你會將貴重的物品事先鎖起來嗎？
10、對於新的計畫，你總是非常熱衷嗎？
11、當朋友表示一定會償還時，你能答應借錢給他嗎？
12、大家計畫去野餐或烤肉時，如果下雨，你們會照原計畫準備嗎？
13、在一般情況下，你信任別人嗎？
14、如果有重要約會，你會提早出門，以防塞車、拋錨或別的狀況發生嗎？
15、如果醫生叫你做一次身體檢查，你會懷疑自己可能病了嗎？
16、每天早晨起床時，你會期待又是美好的一天開始了嗎？
17、收到意外的來函或包裹時，你會特別開心嗎？
18、你會隨心所欲的花錢，等花完以後再發愁嗎？
19、上飛機前，你會買旅行保險嗎？

20、你對未來的一年充滿希望嗎？

計分方法如下，請依下表計算你的分數：

1、是——0　否——1
2、是——0　否——1
3、是——1　否——0
4、是——1　否——0
5、是——0　否——1
6、是——0　否——1
7、是——1　否——0
8、是——1　否——0
9、是——0　否——1
10、是——1　否——0
11、是——1　否——0
12、是——0　否——1
13、是——1　否——0
14、是——0　否——1
15、是——0　否——1

16、是——1　否——0
17、是——1　否——0
18、是——1　否——0
19、是——0　否——1
20、是——1　否——0

答案分析：

A、如果你的分數在0～7分之間

你是一個比較嚴重悲觀主義者，在生活中是看到不太好的一面。身為悲觀者，唯一的好處是，由於你從來不往好處想，所以你也很少失望。然而，以悲觀的態度面對人生，卻有太多的不利因素，你隨時會擔心失敗，因此不願嘗試挑戰，不去嘗試新的事物，當遇到困難時，你會覺得人生更灰暗、更無法接受。悲觀會使人產生困惑、沮喪、恐懼、氣憤和挫折的心理，解決這種狀況的唯一辦法，是以積極的態度來面對每一件事，面對每一個人，逐漸地，透過多次體會人生，戰勝原來的消極態度帶給你的影響。

B、如果你的分數是是8～14分

你對生活的態度比較正常。不過，仍然可以再進一步，只要你學會怎樣以積極和樂觀的態度應付人生中無法避免的意外情況。

C、如果你的分數是是15～20分

你是個很棒的樂觀主義者，你看人生總是看到好的一面，將失望和困難擺到旁邊去。樂觀使人活得更有勁，不過要記住，有時候過分的樂觀，也會造成你對事情的困難程度掉以輕心，結果反而誤事。

國家圖書館出版品預行編目資料

綠領生活／張晴編著
——第一版——台北市：宇河文化出版；
紅螞蟻圖書發行，2010.4
面　公分——(人生A+；4)

978-957-659-764-0（平裝）

1.生活指導 2.環境保護 3.綠色革命

177.2　99004889

人生A+ 4

綠領生活

編　著／張　晴
美術構成／Chris' Office
校　對／鍾佳穎、楊安妮、朱慧蒨
發 行 人／賴秀珍
榮譽總監／張錦基
總 編 輯／何南輝
出　版／宇河文化出版有限公司
發　行／紅螞蟻圖書有限公司
地　址／台北市內湖區舊宗路二段121巷28號4F
網　站／www.e-redant.com
郵撥帳號／1604621-1　紅螞蟻圖書有限公司
電　話／(02)2795-3656（代表號）
傳　眞／(02)2795-4100
登 記 證／局版北市業字第1446號
港澳總經銷／和平圖書有限公司
地　址／香港柴灣嘉業街12號百樂門大廈17F
電　話／(852)2804-6687
法律顧問／許晏賓律師
印 刷 廠／鴻運彩色印刷有限公司
出版日期／2010年 4 月　第一版第一刷

定價 270 元　港幣 90 元

ISBN 978-957-659-764-0　Printed in Taiwan